里山の野鳥百科

大田眞也
Ota Shinya

弦書房

〈カバー・表〉
上＝アオバズクの育雛
下右＝カワセミ（雄）
下左＝ミゾゴイの雛
（「週刊世界動物百科98号」朝日新聞社、一九七三年刊の
裏表紙に掲載された）
〈カバー・裏〉
ムクドリ（雄）
〈表紙〉
アトリ
〈本扉〉
亜種キュウシュウフクロウの巣立ち雛

目次

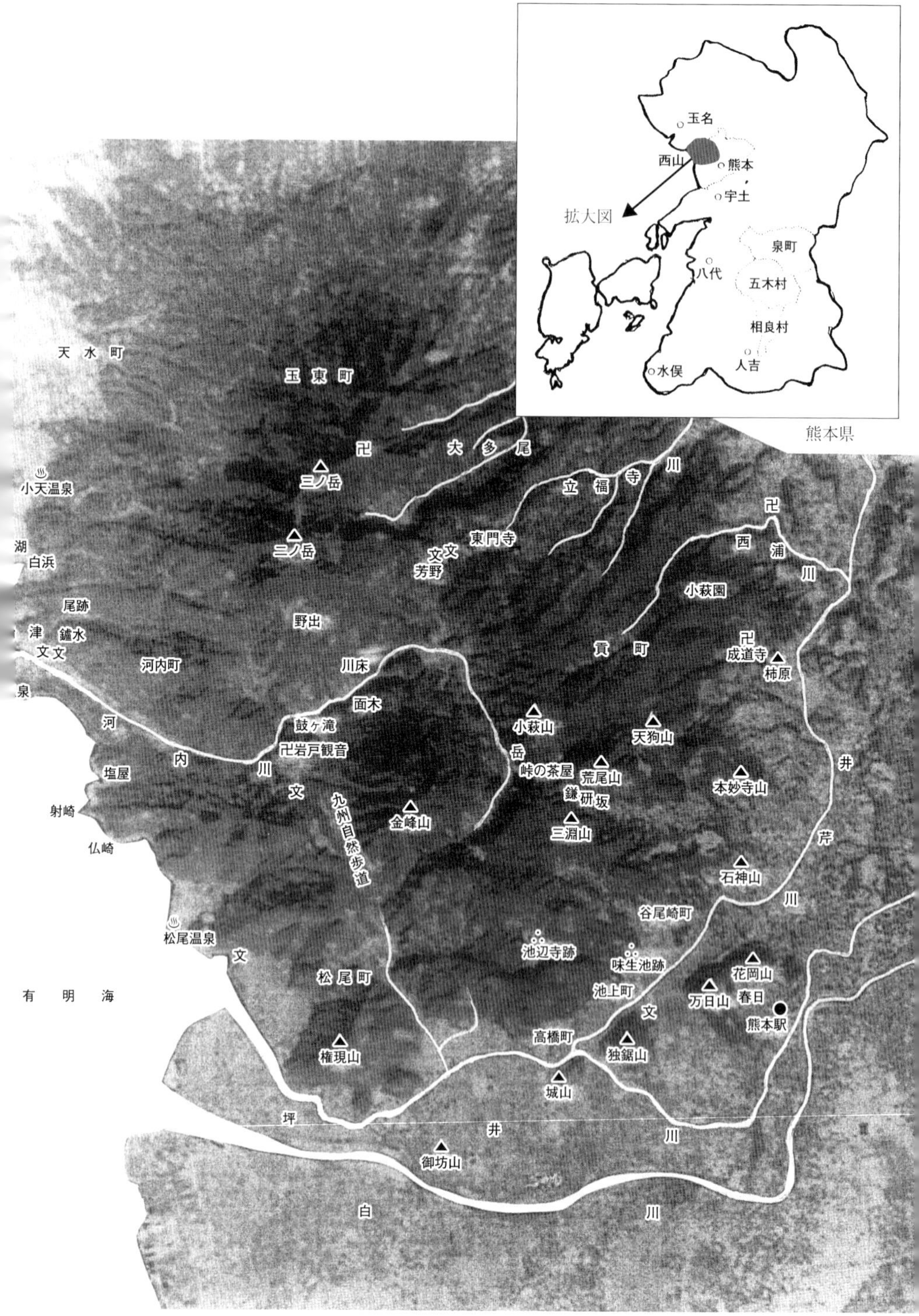

金峰山を中心にした西山の鳥瞰図

はじめに

里山―なんとやわらかな郷愁をそそる響きでしょう。「里山」の語を最初に使ったのは、江戸時代の『木曽山雑話』（寺町兵右衛門、一七五九年）だそうで、「村里家居近き山をさして里山と申し候」と定義されているとか。要するに、里山とは生まれ育った古里の生活圏内にある慣れ親しんだ原風景としてある山のことです。私たちの遠い先祖は、弥生時代以降は低湿地を開田して水稲を栽培し、背後の里山の木を伐採して家を建て、枯れ木を燃料とし、また、山菜やキノコ、木の実、薬草や薬樹、あるいはノウサギやイノシシ、キジ、ヤマドリといった四季折々の山の恵みを持続的に得ながら自然にやさしい循環型の生活を長い間続けてきました。亡くなると人の遺体は山麓に葬られて土に還り、霊魂は里山に登って頂上あたりに鎮まって子孫の生活を見守ってくれていると信じられてきました。

　里山での生活の中で、野鳥は食糧としてだけでなく、その美しい姿や鳴き声は、人の目や耳を楽しませて心豊かな気分にさせてくれるなど精神面にも好影響を与えてきました。また、他方では、野鳥は飛ぶという人にはできない超能力を有することから、私たちのご先祖の霊魂は時折、鳥に化して、あるいは鳥の力を借りて集落を訪れるとも信じられてきました。

　野鳥は、人手が入っていない人里離れた奥山に多くて、人手が多く入った人の出入りも多い里山などにはあまりいないのではないかと思われがちですが、実際には里山の方が開拓による環境の変化にも富んでおり、また、野鳥の中には人は怖くても人間生活の恩恵には浴したいというものもけっこう多くいて、野鳥の種類数は奥山よりもむしろ里山の方が多いのです。

ところで、一口に里山といっても南北に長い日本列島では場所によって気候が異なり、植物相や鳥類相も当然異なります。本書での里山とは、私が生まれ育った、九州のほぼ中央部に位置する熊本市の西部にある山塊の「西山《にしやま》」が中心になっています。九州新幹線熊本駅のすぐ近くで生まれ育った私にとっての思い出の里山は、幼少時には西山の一部である花岡山（一三二メートル）や万日山《まんにちやま》（一三六メートル）でした。生まれたのは戦時中で、熊本駅構内に機関区もあったことから敵機の空爆が激しくて、花岡山は桜の名所ながら花を愛でるどころではなく、防空壕（シェルター）がある、まさに生命を守ってくれる古里の父母のような重要な里山でした。花岡山とひと続きの万日山には当時は赤松が多く生えていて俗に〝松山〟と呼んでいましたが、戦時中の物資が乏しくなる中で、飛行機の燃料にするとかで松根油《しょうこんゆ》を得るために大規模に伐採され、山上は禿げ山同然になっていったのを見覚えています。終戦後の小・中学生時の両山は、春にはワラビやツワを採り、夏にはセミやクワガタ、カブトムシなどを捕り、秋にはドングリを拾ったり、アケビやウベ（ムベ）の実をちぎって食べたりし、冬にはチャンバラゴッコやターザンゴッコをしたり、小鳥を捕ったりするなど一年を通して格好の遊び場になっていました。

ところで、花岡山や万日山は独立峰のように見えていますが、地質学上は先述の〝西山〟と呼ばれる山塊の一部なのです。西山は、熊本平野を挟んで東方にある阿蘇山よりずっと古い二重式火山で、主峰の金峰山（六六五メートル）は中央火口丘で、花岡山や万日山は外輪山の一部なのです。これらの山塊は外輪山に生じた断層に続く長年月の浸食作用によって分断隔離されて独立峰のように見えているだけなのです。

私は、西山とは縁が深く、長じてからは西麓の有明海に面した蜜柑の里として有名な河内町の中学校に昭和四十六年（一九七一）から一〇年間勤務することになり、その当初から昭和五十三年七月までは河内温泉の職員住宅に居住して、主に西側を見てきました。その次の転勤では反対側の東麓にある中学校に同じく一〇年間勤務することになって東側を見、その後も平成六年（一九九四）から二年間、南麓にある小学校に勤務して南側を見てきました。要するに西山を二二年間、西、東、南の方向から見て親しんできました。そして定年退職後も、ことに花岡山や万日山は格好の散策の場所として毎夕のように訪ね親しんでいます。

現在の西山は、西側が有明海に面していますが、縄文時代以前には現在より暖かくて海が西山を取り囲むように内陸部まで入り込んでいたようで、山麓からは旧石器時代後期（三万年前）のものとみられる黒曜石や頁岩の細石片も見つかっていて、ずいぶん昔から人の生活場所になっていたようです。時代はずっと下り、ことに明治以降は檜や杉、赤松などの造林地、あるいは蜜柑や梨の果樹園などに大規模に改変されて、自然林はパッチ状に少ししか残っていませんが、多様な環境がかえって野鳥の種類を多くしているようです。また、熊本平野の西端にあってその西側は有明海に面していることから高さの割には遠くからでもよく目立ち、海岸線や目立つ山などを目印にして渡るとされる渡り鳥の目印にもなっているようで、ナベヅルの渡りが見られたり、コウノトリやムラサキサギが保護されたこともあるなど一〇〇種類以上もの野鳥が記録されています。また、西山は、金峰山県立公園になっていて、自然休養林があり、九州自然歩道も通っているなど自然探勝の場所にもなっていて、私にとっては野鳥観察に格好の場所となっています。

要するに本書での里山は繰り返しになりますが西山が中心で、一部、勤務の関係で昭和三十八年（一九六三）から八年間過ごした熊本県南部の球磨郡相良村の里山も含めています。

本書は、三部構成になっていて、まず第Ⅰ部「風土」では野鳥の生息地としての西山の自然環境をその誕生の時代までさかのぼって概観し、第Ⅱ部「四季の鳥」では四季それぞれでの野鳥のくらしぶりを写真で概観します。そして第Ⅲ部「鳥と人間」では、それらの鳥を人はどう認識して、どういう接し方をしてきたかについてみていくことにします。これらのことを通して、里山が野鳥の多様性を保持している重要な生息地になっていることを再認識し、更に変貌している里山での野鳥との今後のより良い共生の有り様について考えるきっかけになってくれればと願っています。なお、本書の姉妹本『田んぼは野鳥の楽園だ』も併せお読みいただくことをお勧めします。

I 風土

万日山から西山の主峰金峰山を望む

西山誕生

熊本平野の西端に横たわる山塊は〝西山《にしやま》〟と呼ばれ、その西側は有明海に面しています。熊本平野を隔てて対峙するかのように横たわっている阿蘇山よりも古い二重式火山で、安山岩から成っています。外輪山部は約一〇〇万年前、主峰の中央火口丘、金峰山（一ノ岳、六六五メートル）は約一五万年前の噴火によってできました。また、北外輪山上には西山最高峰の熊ノ岳（二ノ岳、六八五メートル）や、それに次ぐ高さの三ノ岳（六八一メートル）などの側火山（寄生火山）が中央火口丘とほぼ同時期に噴火しました。金峰山（一ノ岳）は中央火口丘といっても噴火口は無く、角閃石安山岩から成る鐘状の溶岩円頂丘（トロイデ）で、山容に注目すると分かるように二つの溶岩円頂丘が合体してできています。山麓の傾斜が緩くなっているのは、崩壊した山体の岩片が堆積（崖錐堆積物）しているからです。ちなみに側火山（寄生火山）の熊ノ岳（二ノ岳）は角閃石安山岩から成る鐘状火山（トロイデ）で、三ノ岳は板状節理が発達した少量の角閃石を含む複輝石安山岩や凝灰角礫岩から成る成層火山（コニーデ）のようです。

西山地域では約一〇〇万年前に、九州を南北に走る琉球火山帯（霧島火山帯）の古期の活発な噴火活動があっていくつかの火山が誕生しました。その後、噴火が静まると、それらの山頂部はことごとく陥没して東西南北を頂点とする一辺が約三キロメートルの四角い凹地（カルデラ）が生じました。この陥没には北東→南西と北西→南東方向の断層活動が関係しているようです。凹地にはその後、雨水が溜まってカルデラ湖ができました。そして湖底にはカルデラ内壁の外輪山からの泥が堆積しました。この芳野層と呼ばれている厚さ四〇メートルもの湖成層からは木の葉や茎、実のほか、花粉や珪藻などの保存状態が良い化石を産し、なかには流れの緩やかな淡水中で生成されるとされている藍鉄鉱（鉄の燐酸塩鉱物）に置換されているものもあり、割り出したときには白っぽい枯葉色でも、二、三日後にはまるで生き還ったかのように藍色（濃い青色）になります。木の種類は、ブナやカエデ、クヌギ、クリなどが多く、堆積当時は現在より寒冷だったようです。芳野層は、河内町岳《たけ》集落の南方から西方の鼓ヶ滝に至る間の河内川の両岸で見られます。

その後、約一五万年前に今度は北東から南西に走る山陰火山帯（大山火山帯）に属する噴火が再び起き、芳野層を突き破って角閃石安山岩の溶岩が噴出して中央火口丘の金峰山が誕生しました。カルデラ湖は、西外輪山の外側から進んだ浸食作用によって岩戸の所で遂に破れ、湖水は河内川となって西流して有明海へ注ぎ、カルデラ湖は干上がって消失しました。火口瀬には板状節理が発達した輝石安山岩に鼓ヶ滝が懸かっています。この鼓ヶ滝は平安時代の女流歌人の桧垣《ひがき》や肥後国守の清原元輔（清少納言の父）が和歌に詠んだことでも知られています。その両岸は中央火口丘の金峰山噴出以前の噴火による火山灰と火山礫から成る凝灰角礫岩が浸食されて深い谷が刻まれています。凝灰角礫岩は浸食されやすく、川底や川岸には急流の場所によく見られる、直径一メートル位の欧穴《おうけつ》（かめ穴）がいくつも見られ、左岸側（南側）には差別浸食によって天狗岩と呼ばれる奇岩が屹立し、まるで山水画で見るような景観を呈していて肥後耶馬渓（耶馬渓は大分県に存在）と呼ばれ、西山有数の景勝地となっています。裏側の斜面には、剣聖宮本武蔵が晩年に籠って『五輪書』を書き上げた（一六四三年一〇月）といわれる霊巌洞（岩戸観音）があり、五百羅漢（淵田屋儀平、一八一〇年開眼）が置かれ、南北朝時代の正平八年（一三五三）に明の曹洞禅僧東陵永璵《とうりょうえいよ》によって開山された雲巌禅寺もあります。

一方、外輪山の東部から南部にかけての外側斜面では、カルデラ内壁と平行するように北東↓南西方向に生じた断層によって内側（中央火口丘側）が沈降し、その断層面に沿うような浸食作用によって分断隔離が進んで北側から竜田山（一五二メートル）、花岡山（一三三メートル）、万日山（一三六メートル）、独鈷山（一一八メートル）、城山（四七メートル）、御坊山（三〇メートル）などが、それぞれあたかも独立峰の様相を呈しています。これらの山々はどれも中央火口丘

中央火口丘の金峰山(一ノ岳)と外輪山の一部である権現山、それに側火山(寄生火山)の三ノ岳

外輪山の一部である万日山(左)と花岡山(右)

東方より望む桜の名所の花岡山（左後方）と北岡自然公園の杜（手前）

の金峰山に面した内側が断層崖の急斜面で、反対の外側は裾野で傾斜が緩い斜面になっています。

河川は、カルデラ内では先述のように河内川が西流して有明海に注いでおり、北外輪山では三ノ岳に源を発した西谷川や立福寺川が、東外輪山では西浦川や麹川などがいずれも東流して井芹川に合流し、断層面に沿うように南側を迂回して西流し、有明海に注いでいます。

また、外輪山の山麓には湧水も多く、東麓では成道寺や柿原、西麓では天水湖（河内町白浜）や鑪水《たたらみず》（河内町船津）のほか温泉も湧出し、夏目漱石の小説『草枕』にも出てくる小天温泉（天水町湯ノ浦）や河内温泉（河内町船津）、松尾温泉（松尾町）などがあります。

南麓の谷尾崎から万日山と独鈷山の北麓あたりにかけては、かつては泥炭が堆積する低湿地で、そこに肥後国司道君首名《みちのきみのおびとな》が和銅六年（七一三）から養老二年（七一八）にかけて堤防を築いて灌漑用水池「味生池《あじうのいけ》」が造成されていたとか。竜がすみついていたとの伝説もあるこの人工池は、加藤清正の入国（一五八七年）後に水田化されて今はありません。

〈多用途の安山岩〉（英名Andesite《アンデサイト》）

西山を形成している安山岩は、火山では最も普通に見られる岩石（火山岩）で、その名は南アメリカ大陸のアンデス山脈に多く産することに由来しています。斜長石や輝石、それに角閃石や黒雲母などの造岩鉱物から成っていて斑状構造を呈し、全体的には灰色をしています。含まれる造岩鉱物の種類や量によって角閃石安山岩や輝石安山岩などと呼び分けられています。一般に、角閃石安山岩は流動性に乏しい溶岩から成り、鐘状に盛り上がった鐘状火山（トロイデ）に、輝石安山岩は山頂に噴火口を有して裾野が広がった円錐形をした成層火山（コニーデ）に成ることが多いようです。

安山岩は、堅さや粘り気が適当で細工もし易いことから、建物の礎石（土台石）や壁石、石垣などのほか、墓石や門柱、石碑などにも用いられ、小さく砕いて鉄道線路の敷石や舗装道路用のバラスなどにされたり、セメントに混ぜるコンクリート材などにもされています。

熊本城の武者返しで知られる美しい石垣には、近くの花岡山や万日山の安山岩が最も多く用いられています。花岡山の山上広場の一隅には、加藤清正が休息の際に使用したという「腰掛石」や兜掛けに使ったという「兜石」（どちらも安山岩）などがあり、また、近くにはかつて作業の開始や終了を合図する鐘が掛けられていたという松（鐘掛松）などもありました。

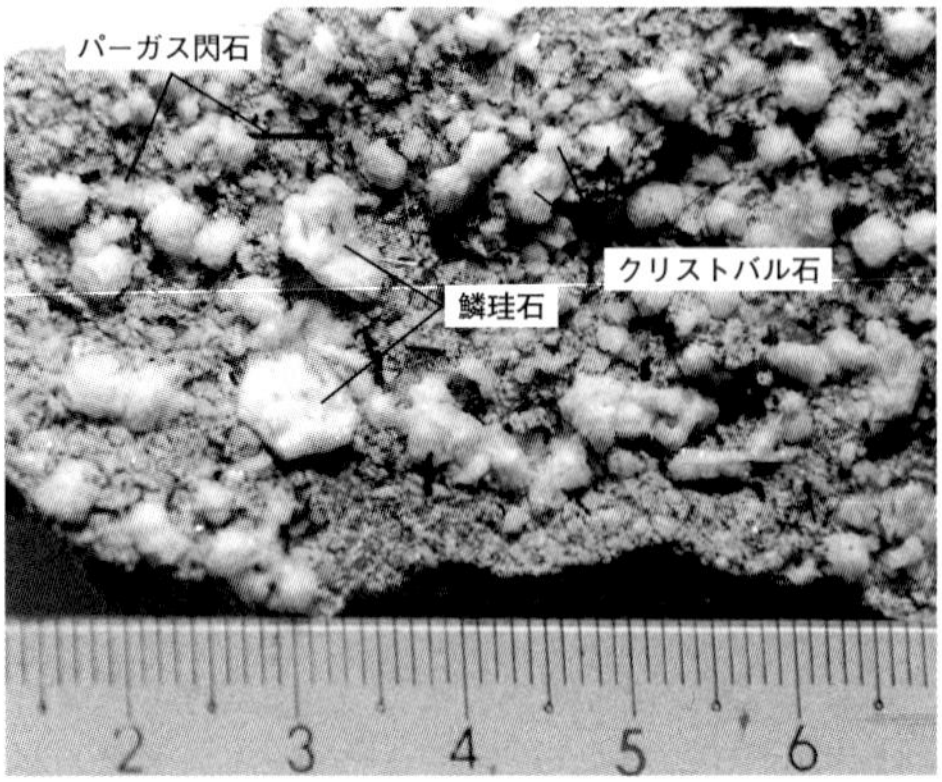

石神山の石英安山岩は鱗珪石やパーガス閃石の美晶を産する

西山での石切り場（採石場）は、外輪山の東麓や南麓に多く、東麓では島崎石（石英安山岩）の名で知られる石神山（一四〇メートル）の石切り場や、荒尾石（角閃石安山岩）の名で知られる荒尾山（四四五メートル）や輝石安山岩から成る三淵山（一八五メートル）の石切り場などが古くからあります。石神山の島崎石は一一二万年前の火山岩頸（火山の火道で固結した岩石）が露出したもので、山頂から放射状に柱状節理が発達しています。珪酸分に富む石英安山岩で、小さい晶洞《しょうどう》が多く、その中に水晶と化学組成が同じで分子配列が異なる同質異像の白くて薄い六角板状の美しい鱗珪石や、黒い針状のパーガス閃石、それに白い四面体や八面体のクリストバル石などの美晶を産することでも知られ、このように立派な鱗珪石やパーガス閃石を産するのは世界でもおそらくここだけだろうといわれています。南麓では権現山（一七三メートル）の百貫石などの石切り場が古くから知られているほか、松尾町の近津や中松尾、河内町の仏崎にも石切り場があります。

有明海に面した西側斜面では蜜柑栽培が盛んで、石垣で段々畑が築かれていますが、この石垣には周辺にある安山岩が利用されています。安山岩は風化し易く、風化すると赤褐色の土になり、植物の生育に適していて、特に針葉樹の生育に適しているといわれています。

植物相

西山の植物相についてまとめて書き記したものとしては、熊本営林局の調査による『金峰山植物目録』（一九三一年）があり、シダ植物と種子植物が合計八九〇種記録されています。その後の調査による新知見を加えると、西山ではシダ植物が約一〇〇種、種子植物が約九〇〇種の総計約一〇〇〇種が記録されていることになります。しかし、西山は膨張する都市の近郊にあって開発が盛んなことから、現在では既に絶滅してしまっているものも多いと推察されます。

安山岩が風化した土壌は植物の生育に適し、年平均気温一六・二度、年平均降水量一六六〇ミリという気候風土から、かつてはシイやカシなどを主とした常緑広葉樹の暖帯林が広がっていたようですが、明治維新から西南の役頃までの社会の混乱期にかなりの量が盗伐されたようです。また、明治政府以降も開墾や開発が促進されたために自然林は減少し、現在では、金峰山（一ノ岳）や三ノ岳山頂のスダジイやイスノキ、カゴノキなどからなる社寺林やその周辺部に残存する気候的極盛相とみられる老木の大きさからかつての山容が偲ばれるだけになってしまっています。

西山では宝暦十二年（一七六二）に河内町東門寺に檜苗一二万四五〇〇本が植えられるなど藩政時代から檜

の造林が盛んで、〝金峰檜〟のブランド名で知られており、木目が美しくて建築材や内装材として人気があります。特に、明治三十二年（一八九九）から大正十年（一九二一）にかけては造林が盛んで、檜のほか杉や赤松、それに一部モミ・テーダマツ・バンクスマツ・スラッシュマツ・ヒマラヤシーダ・エンピツビャクシン・メタセコイヤ・ハンテンボク・カシ・ケヤキ・ホホ・クスなども試験的に植えられました。それで自然林は一五パーセント位に激減し、それも多くは薪炭林として利用されました。

　有明海に面した外輪山の西側斜面では昼夜の気温の較差が小さいこともあって、麓から山頂までほとんど全面が蜜柑の段々畑になっていて、金峰山（一ノ岳）や三ノ岳の東麓には梨園も広がっているなど、九州有数の果実生産地にもなっています。当地域での蜜柑栽培の歴史は古いようです。「非時《ときじく》の香果《かぐのこのみ》を人問わば肥後の河内と告げよ里人」『古事記』によると田道《たじ》間守《まもり》（兵庫県の人）が常世《とこよ》の国（中国）から香果《かぐのこのみ》（小蜜柑のこと）を持ち帰る途中に気候温暖で生育に適した河内の地に一本植えたことに始まるとか、また、第十二代の景行天皇が玉名郡天水町小天《おあま》に、小蜜柑の種子を下賜されたことに始まるなどとも言い伝えられています。江戸中期の貞享年間（一六八四〜一六八七）に特産地化したのは間違いなさそうで、現在栽培されている温州蜜柑は天明二年（一七八二）に天水町小天に植えられたのが最初で、その後、河内町にも導入され、明治になると熊本県内各地に広がり、特に戦後は〝食卓に蜜柑を〟のスローガンのもとに、特に昭和三十年（一九五五）代から盛んになりました。

〈修験道場から森林レクリエーションの場へ〉

　西山の主峰金峰山《きんぽうざん》（きんぽうざんとも呼ぶ）は、霊山として古くから信仰され、阿蘇山、木原山とともに肥後三名山の一つとして知られています。古くには飽田山《あきたさん》と呼ばれていましたが、天長九年（八三二）

に、修験の聖地として知られる大和の金峰山《きんぷせん》権現（蔵王権現）を山頂に勧請して金峰山神社が創建されて以来、金峰山に改名されました。菊池氏十三代の武重は特に尊崇して社領六町六反を寄進し、後に神社脇に菊池武重を祀る堂も建立されています。

金峰山北麓にある岳麓寺には鎌倉時代に彫られたという蔵王権現の木像三体が祀られていて、戦前までは修験者も住んでいたとか。更にその北側にある三ノ岳の山頂近くには修験に関係が深い正観音菩薩像と、聖徳太子像、それに脇士不動毘沙門像を祀った十世紀頃に創建された天台宗聖徳寺の奥の院（三ノ岳観音）があります。なんでも第三十三代推古天皇の治世二年（五九四）に聖徳太子の命により戒元仙明上人が開基したとか。なお、三ノ岳北麓の植木町には天台宗の円台寺があり、かつては寺坊集落もありましたし、玉東町にも天台宗の西安寺があって、山伏が住んでいました。更に外輪山東麓の北部町や出町には山伏の墓碑や塚が現在も残っています。

一方、南外輪山南麓の池上町にはかつて人工の味生池があって、そのほとりには熊本県内では最古級の密教系の寺院とみられる天台宗の池辺寺（独鈷山竜池院）がありました。その寺跡の発掘調査が昭和六十二年（一九八七）から進められていて、おそらく何十、何百もの僧坊が密集していたのではないかとみられています。

なお、西外輪山内壁にある雲巌禅寺の開山（一三五三年）は、東陵永璵が、修験道に重要な法具十二物の一つである法螺貝《ほらがい》がこの地を譲ると約束した夢をみたことによると言い伝えられていることから、ここも開山以前には修験者（山伏）の行場になっていたのではないでしょうか。宮本武蔵が奥の院の霊巌洞（岩戸観音）に籠って『五輪書』を書いたのもそんなことを知っていたからではないでしょうか。西山はこのように平安時代末期から修験者（山伏）の行場になっていて、南麓の池辺寺から金峰山（一ノ岳）、岩戸（霊巌洞や鼓ヶ滝）周辺、熊ノ岳（二ノ岳）、三ノ岳、そして北麓の円台寺に至るといった回峰行のルートがあったのではないでしょうか。もちろんその逆コースもあったことでしょう。「岳」には単に山の意味だけでなく、宗教的な意味の霊山を指しているとされています。

一方、西山、ことに肥後耶馬渓一帯は風光明媚の地として古くから広く知られ、多くの文人・墨客が来遊しています。平安時代には先述したように桧垣や清原元輔が鼓ヶ滝を訪れて和歌を詠んでいますし、明治時代には夏目漱石が西山を東麓から西麓の小天温泉まで横断するように散策して小説『草枕』を書いています。現在は自然指向が再燃する中で、金峰山県立公園（一九五五年指定）として整備され、金峰山の国有林は自然休養林（熊本営林局、一九六八年）に指定され、更に、熊本市立金峰山少年自然の家（一九七五年）が建設されたりし、かつて修験者（山伏）の廻峰行のルートになっていた山道は九州自然歩道（環境庁、一九七六〜一九八一年）や河内クロスカントリーコース（一九八八年から）として整備されています。また、金峰山の頂上に昭和三十三年（一九五八）にNHKの送信アンテナ第一号が設置されると、自動車道も整備されて頂上まで通じ、登山者も急増しました。時代によって宗教から心身のリフレッシュへと目的は変わっても人には本来、自然の霊気に触れたくて山林に分け入って行く習性があるようです。私にとっての里山である西山は野鳥を楽しむ格好の場所となっています。

Ⅱ　四季の鳥

モズ（雌）

里山では、四季それぞれにどんな鳥のどんなくらしぶりが見られるでしょうか。私の里山（西山を中心）で長年撮りためてきた写真で見ていくことにしましょう。ここでは写真で一年間に見られる野鳥を概観することを主目的としていますので、説明は鳥名と何をしているかについて簡単に記す程度にしています。なお、個々の鳥についての外見（外部形態）や生態での特徴、鳥名の由来（語源）と人間生活との関係、見られる時季と見られやすさの程度などの詳しい解説は次の第三部「鳥と人間」ですることにしています。ただ掲載している写真の中には現在ではほとんど見られなくなってしまった鳥の写真もあり、そのような記録性が高いと思う写真については撮影の年月日と場所も明記しておくことにします。

春

鶯どりが　蕾啄み　紅を差す

日ごとに増す太陽の高度と長まる日照時間に寒さも和らぎ、生物は冬の永い眠りから目覚めます。生命が躍動し、百花爛漫、花が咲き鳥が歌う華ぐ時節の到来です。花と鳥は、この地球上で最も美しい生きものとして生まれ合わせていて、花笑い鳥歌う園は理想郷（ユートピア）の具現の一つと見做されており、絵画の世界では花鳥画というジャンルも生まれています。そんな花鳥の世界を堪能しない法はありません。日本人は古くから花見を楽しんできましたが、近年はバードウォッチング（鳥見）を楽しむ人も増えています。私は欲張りで花も鳥も楽しみたくて、春になるとつい屋外に出ることが多くなります。都合が良いことに自宅のすぐ裏手には桜の名所の花岡山があり、小規模ながら梅園などもあって、毎年春になると華やかな花鳥の世界を堪能しています。

ところで花鳥画には不自然な花と鳥のとり合わせもよく見られます。野鳥が花を訪れるのは、蕾や花蜜、あるいは花そのものを食べるためや、花蜜や花粉を求めてやって来るハナアブやミツバチの仲間などの昆虫を捕食するといった食物を調達するのが主な目的ですが、そのほかにもたまたま翼を休めるためにちょっとたち寄っているということなどもあって、思わぬ花と鳥のとり合わせがあったりもします。

ウソは早春から梅の蕾を啄み、イカルやシメも桜の蕾をよく啄みます。メジロやヒヨドリ、スズメ、ニュウナイスズメなどはもっぱら花蜜を食べています。メジロやヒヨドリは細長い嘴を有していますので花の奥にある蜜腺まで花の正面から嘴を差し込んで食することができますが、嘴が短いスズメやニュウナイスズメはそういうわけにはいきません。それではどうするかといいますと、花の根元部分を外から嘴で挟み潰して花蜜を押し出して食するのです。多くの場合は花が咲いた状態のままでそっとやっていますが、なかには乱暴なのもいて花をちぎって散らかしながらやっているのもいます。このように花蜜を食するにもその方法は鳥の種類によって、また同じ種類でも個体によってそれぞれ違っています。更に、アオバトやヒヨドリなどは花弁ごと食べていることもあります。野鳥は食事のようすを見ているだけでもいろんな方法があって飽きることはありません。

春はまた、繁殖に備えて野鳥の動きが活発になる時季です。留鳥は番《つがい》で縄張（テリトリー）の確保に懸命で、育雛のためにいち早く里帰りした夏鳥たちの雄は番相手の雌を迎え入れるために長旅の疲れを癒す間もなく縄張（テリトリー）の確保に懸命です。一方、冬越しに訪れていた冬鳥たちは生まれ故郷への長い北帰行に備えての栄養補給に余念がありません。それに、奥山や、より北方まで行く途中に一時的にたち寄る鳥などもいて、意外な鳥との思わぬ出会いなどもあり、先述のような花と鳥のとり合わせも見られたりして、毎日が心わくわくする季節で、つい山野に出かけることが多くなります。

〈上右〉亜種アカウソの雌(左)と雄(右)　〈上左〉カワラヒワ(雌)　　　　〈下右〉シメ　〈下左〉イカル

〈上右〉ヒヨドリ　〈上左〉メジロ　　〈下右〉スズメ　〈下左〉ニュウナイスズメの雌(上)と雄(下)

〈上と下左〉アオバト（雄）　〈下右〉キジバト

ヤマガラ

シジュウカラ

亜種キュウシュウコゲラ

亜種キュウシュウエナガ

ウグイス（雄）

モズ（雄）

〈上右〉ホオジロ(雌)　〈上左〉ホオジロ(雄)　〈下右〉ミヤマホオジロ(雄)　〈下左〉ミヤマホオジロ(雌)

〈上右〉アオジ(雌)　〈上左〉アオジ(雄)　　〈下右〉クロジ(雄)　〈下左〉アリスイ

〈上右〉ジョウビタキ（雄）
〈上左〉ルリビタキ（雄）
〈中右〉キビタキ（雄）
〈中左〉ツグミ
〈下〉シロハラ（雄）

ハシブトガラス

抱卵中のハシボソガラス（雌）

ムクドリ（雄）

〈上右〉イカル　〈上左〉シメ　　　〈下右〉亜種コカワラヒワ(雄)　〈下左〉ヒヨドリ

〈上右〉ノゴマ（雄）
〈上左〉コマドリ（雌）
〈下〉オオルリ（雄）

〈上〉ブッポウソウ　〈下右〉ヤツガシラ　〈下左〉アカショウビン

夏

炎天下　木陰で育つ　鳥の雛

夏は野鳥にとっては育雛の季節です。翼を有する鳥も雛のときには飛べず、天敵に見つかればおしまいです。それで野鳥の育雛は、天敵に見つからないようにひっそりと素早く行わなければなりません。人家に営巣して育雛するツバメやスズメは野鳥では例外的な存在です。夏には草木が茂って見通しが悪くなり、巣を隠して育雛するには好都合です。それで育雛の様子を観察するにはかなりの努力が必要です。ところが私は中学校に長年勤務していたことから、農作業中に見つかった鳥の巣についての情報が、手伝っていた中学生やその保護者、更にはその近辺の住民からもたらされ、そう労せずして効率良く、いろんな鳥の育雛の様子が観察でき、実に幸運でした。蜜柑畑では意外に多くの野鳥が育雛していて、蜜柑の木にはメジロやヒヨドリ・ホオジロ・カワラヒワ・キジバトのほか、ウグイスなども営巣しており、地上の草むらにはキジやコジュケイなども営巣しています。また、段々畑の石垣の隙間にはシジュウカラがよく営巣していて、畑の裸地にはヨタカが営巣していたこともあります。また、蜜柑畑周辺の二次林や檜の人口林にはヤマガラやエナガ・サンコウチョウ・ヤブサメなどの小鳥や、コゲラやアオゲラ、それにトビやサシバ、フクロウなどの猛禽類も営巣していますし、ミゾゴイが営巣していたこともあります。

一方、山麓の集落やその周辺部には先述のツバメやスズメのほかにもコシアカツバメやイワツバメ、それにムクドリやヒメアマツバメ、イソヒヨドリなども営巣しています。また、河川や田んぼに面した山麓の林や竹藪には鷺山（サギ類の集団営巣地）があって、ダイサギ・チュウサギ・コサギ・アマサギなどの白鷺のほかゴイサギやアオサギなども営巣しているなど、夏は野鳥たちの育雛が盛んな季節です。

〈上右〉ツバメの古巣で育雛するスズメ
〈上左〉ツバメの育雛
〈中右〉コシアカツバメと巣
〈中左〉イワツバメの育雛
〈下〉ヒメアマツバメと巣

〈上右〉イソヒヨドリ（雄）の育雛
〈上左〉イソヒヨドリ（雌）の育雛
〈中右〉ムクドリ（雌）の育雛
〈中左〉キジバトの育雛
〈下右〉ハクセキレイの育雛

〈上右〉モズ(雌)と巣
〈上左〉カササギと巣
〈下〉石垣の隙間に営巣したシジュウカラ

〈上〉メジロの育雛　〈下右〉ウグイスの育雛　〈下左〉亜種コカワラヒワ（雌）の育雛

〈上〉ヒヨドリの育雛
〈下右〉ホオジロ（雄）の育雛
〈下左〉ホオジロ（雌）の育雛

夏

〈上右〉亜種キュウシュウキジ(雌)の抱卵
〈上左〉亜種キュウシュウキジ(雄)
〈中右〉コジュケイ(雌)の抱卵
〈中左〉コジュケイの巣卵
〈下〉亜種アカヤマドリ(雄)

ヨタカの卵と雛
1975年5月31日河内町尾跡で

ヨタカの抱雛
1975年6月3日河内町尾跡で

ヤブサメの巣卵

ヤブサメ

鳴く亜種カゴシマアオゲラ(雄)

亜種カゴシマアオゲラと巣穴

亜種キュウシュウコゲラの古巣穴に営巣したヤマガラ

巣穴に餌を運んで来た亜種キュウシュウコゲラ

〈上右〉ホトトギス(雄)
〈上左〉ウグイスの巣に托卵されたホトトギスの卵(右上)
〈中右〉サンショウクイ(雌)
〈中左〉サンショウクイ(雄)
〈下〉亜種リュウキュウサンショウクイ

サンコウチョウ　〈上右〉雄　〈上左〉雌の抱卵　〈下右〉雄の育雛　〈下左〉巣卵

トビと巣　　〈上〉サシバの雛　〈下右〉サシバの抱雛

ハヤブサ　〈上右〉雄（手前）と雌（後方）〈上左〉雌雄での育雛　2008年3月21日〈下〉雌の育雛　2008年4月14日
写真は3枚とも松尾町近津で

亜種キュウシュウフクロウ
〈上右〉樹洞の巣に帰って来た親鳥
〈上左〉暗色型
〈下右〉樹洞内の巣にいる雛
〈下左〉巣立ち雛

アオバズク　〈上〉樹洞の巣での育雛　　〈下〉巣立ったばかりの幼鳥

〈上右〉ミゾゴイの育雛　1972年7月21日　河内町芳野で
〈上左〉ミゾゴイの雛　1972年8月2日　河内町芳野で
〈中右〉アカガシラサギの抱卵　1996年7月13日
熊本市の水前寺公園で
〈中左〉アカガシラサギ　1996年7月13日
熊本市の水前寺公園で
〈下右〉アカガシラサギの幼鳥　1995年8月6日
熊本市の水前寺公園で
〈下左〉ササゴイと巣卵

鷺山（サギ類の集団営巣地）

ダイサギの育雛

アマサギの育雛

コサギの育雛

チュウサギの育雛

アオサギの集団営巣

ゴイサギの育雛

アオサギの育雛

秋

育雛の　疲れを癒す　実る秋

育雛には多くのエネルギーを消費します。自分自身が生きるのに食物を探すのも大変だろうに、食物が豊富な時季とはいえ、成長盛んな雛の胃袋を満たすのは大変なことです。鳥の中には年に二回も三回も繁殖していて、そのタフさには感服です。

食物が乏しくなる厳しい冬が到来する前までに育雛で消耗した体力を回復しておかなければなりません。自然は良くできていて、秋は実りの季節。里山ではいろんな果実が赤く色付いて食べ頃を知らせてくれています。赤い実を付けた木々には繁殖を終えた鳥たちが群がり、貪るように啄む光景が見られます。地元で繁殖を終えた留鳥や夏鳥のほかに北方で繁殖を終えて冬越しにやって来た鳥や、更に南方に渡る途中に一時的にたち寄った鳥なども加わって賑やかです。

身近に柿の木があると、スズメやメジロ・ヒヨドリ・ムクドリのほか、カラ類やカラス類、ツグミの仲間などいろんな鳥がその実を食べにやって来ます。里山で生活する人々の間では柿の実をちぎるときは全部ちぎってしまわずに、一番上の枝の実は食物が乏しくなったときの野鳥たちのために、下の枝の実は通りかかったお腹をすかせた旅人のために残しておくようにと教えられてきました。この木守柿《こもりかき》の風習には、日本人の自然への謙虚な感謝の念と共に生きるものたちへの優しい思いやりの心が込められています。秋は春と共に野鳥が移動する時季で、これら果実を食べる植物食の鳥たちのほかに、これらの鳥を捕食している肉食の猛禽類などもやって来て、身近でも思わぬ鳥を見かけることがあります。暑くも寒くもなく、毎夕の里山での散策も、どんな鳥との出会いがあるか期待がもてて楽しみです。

ヒヨドリ

ムクドリ

スズメ（左上）とメジロ（右下）

ミヤマガラス

ハシボソガラス

ハシブトガラス

シロハラ（雄）

ツグミ

アカハラの雄（左）と雌（右）

マミチャジナイ

カササギ

クロツグミ（雄）

〈上右〉ウグイス
〈上左〉ヤマガラ
〈中右〉コムクドリ（雄）
〈中左〉コムクドリ（雌）
〈下〉ニュウナイスズメ（雄）

ハシブトガラス

ヒヨドリ

メジロ

〈上右〉モズ（雄）〈上左〉アカモズ（雄）　〈下右〉カッコウ（幼鳥）〈下左〉ツツドリ

コサメビタキ

メボソムシクイ

サメビタキ

センダイムシクイ

エゾビタキ

キマユムシクイ

〈上右〉ムギマキ（雄の若鳥）〈上左〉キビタキ（雄）

〈下右〉イソヒヨドリ（雄）〈下左〉マミジロ（雄）

〈上右〉サシバの渡り　〈上左〉ハチクマ　　〈下右〉ハヤブサ(若鳥)　〈下左〉ハイタカ(雌)

〈上右〉アカアシチョウゲンボウ（雄）〈上左〉アカアシチョウゲンボウ（雌）　〈下右〉ツミ　〈下左〉チゴハヤブサ（若鳥

〈上〉ヒヨドリの渡り　〈下右〉アマツバメ　〈下左〉ハリオアマツバメ

冬

冬枯れに　群れて生き抜く　小鳥たち

繁殖期には家族中心の生活をしていた鳥たちも、繁殖を終えると、その多くが群れて生活するようになります。秋の恵みが残り少なくなるにつれて群れの規模はだんだん大きくなっていきます。食物は、どこにでも一様にあるわけではなく偏在していますので、群れて眼の数を多くした方が探し易くなります。また、眼の数が多いほど天敵の接近もより早く察知することもできます。

冬には多くの木々が葉を落としますので見通しが良くなり、天敵の眼にも見え易くなります。群れているとなお目立ちますが、高密度に群れていれば、襲う側にしても的がしぼりにくく、場合によっては群れでの擬攻撃（モビング）によって撃退することだってできるでしょう。また、不幸にして襲われたとしても、その確率は群れの規模が大きいほど低くなりますのでより安心です。要するにみんなでいれば怖くないというわけです。このように群れることにはプラス面とマイナスの面がありますが、現実には群れ生活をする鳥が多いということはプラス面の方が勝っているということでしょう。

冬には、このように野鳥の多くが群れ生活をしていて、しかも木々の葉が落ちて見通しが良くなっていますので野鳥の姿が良く見えます。また、食物が乏しい時季ですので、庭やベランダなどに給餌台を設けて食べ残りのご飯や輪切りにした蜜柑などを置いておくと、スズメやメジロ、ヒヨドリなどが食べに来るでしょう。冬には、愛鳥週間（バード・ウィーク）の頃のように美しい鳴き声は聞けませんが、美しく可憐な姿を見、身近で親しむには最適の季節です。給餌台にはどんな鳥が何羽来るか、夕方の里山での散策ではどんな鳥が見られるか毎日が楽しみです。

ミヤマガラス

ホシムクドリ(左)とムクドリ(右)

コクマルガラスの成鳥(上)と幼鳥

キレンジャク

ヒレンジャク

アトリ

カワラヒワ

アトリ

シメ

イカル

マヒワ

コイカルの雌(左)と雄(右)

イカル（右）とシメ(左)

カシラダカ

ベニマシコ(雄)

〈上右〉ヒヨドリ　〈上左〉シジュウカラ　　〈下右〉メジロ　〈下左〉シロハラ(雌)

ルリビタキ（雄の若鳥）

ジョウビタキ（雌）

基亜種ハチジョウツグミ

ツグミ

ビンズイ

イワミセキレイ　1975 年 2 月 22 日　河内町白浜で

キクイタダキ

メジロ

ミソサザイ

ウグイス（雌）

ソウシチョウ

アオバト

〈上右〉カワセミ（雄）
〈上左〉ヤマセミ
〈下〉カワガラス

ハイタカ（雌）

オオタカ（若鳥）

ハヤブサ

ノスリ

コチョウゲンボウ（雌）

チョウゲンボウ（雌）

〈上左右とも〉トラフズク
〈下〉オオコノハズク

Ⅲ　鳥と人間

ツバメ

ヤマガラ

シジュウカラ

メジロ

ヒヨドリ

第Ⅱ部「四季の鳥」で見てきたそれぞれの鳥について、日本人はいつ頃から関心をもち、どこに注目して、どう認識し、どういう接し方をしてきたかについて、文献を渉猟しながらみていくことにします。

それで①鳥名（**標準和名**、**漢字表記**、**学名**）②鳥類分類での位置（**目**、**科**、**属**など）③鳥の大きさを表す**全長**（鳥体を平らな台上に仰向けに寝かせて嘴を台面に水平にしたときの嘴先端から尾羽末端までの長さ）や、飛んでいるのをよく見る鳥については**翼開長**（翼の前縁が一直線になるように両翼を精一杯開いたときの両翼先端間の長さ）④主に見られる時季（**春・夏・秋・冬・年中**などで表示）⑤見かける度合（**普**《普通種で、同じような環境ならどこでもほぼ毎年定期的に見られる鳥》**少**《ほぼ毎年定期的に見られるが、個体数が少なかったり、分布が局地的だったり、あるいは夜行性だったりで、努力しないと見られない鳥》**希**《希少種や迷鳥などで、見ようと努力しても運がなければ、希にしか見られない鳥》の三段階で表示）⑥外見（外部形態）や生態での**特徴**⑦**分布**状況⑧その鳥に関心がもたれ**認識された時代**と**鳥名の語源**について分かっている範囲で記し、日本人の鳥類観に関係するコラムも随所に挿入しておくことにします。鳥の配列は、鳥名を知る便宜にも配慮して鳥類分類順ではなく、生息環境から、林野の鳥、水辺の鳥、集落の鳥と大きく三つに分け、その順とし、それぞれ内では分類での科または属ごとにまとめ、それぞれの鳥種の区別の要点を探しながらみていくことにします。なお、鳥類分類に従った配列（日本鳥学会編『日本鳥類目録』改訂第七版、二〇一二年に準拠）は、最後に生息の環境や時季などとともに一覧表に整理して呈示しておくことにします。

鳥類関係の用語解説

前置きが長くなっていますが、これからの解説を簡素化するために、鳥類関係でよく使用される用語について少し解説しておくことにします。

〈鳥体各部の名称〉

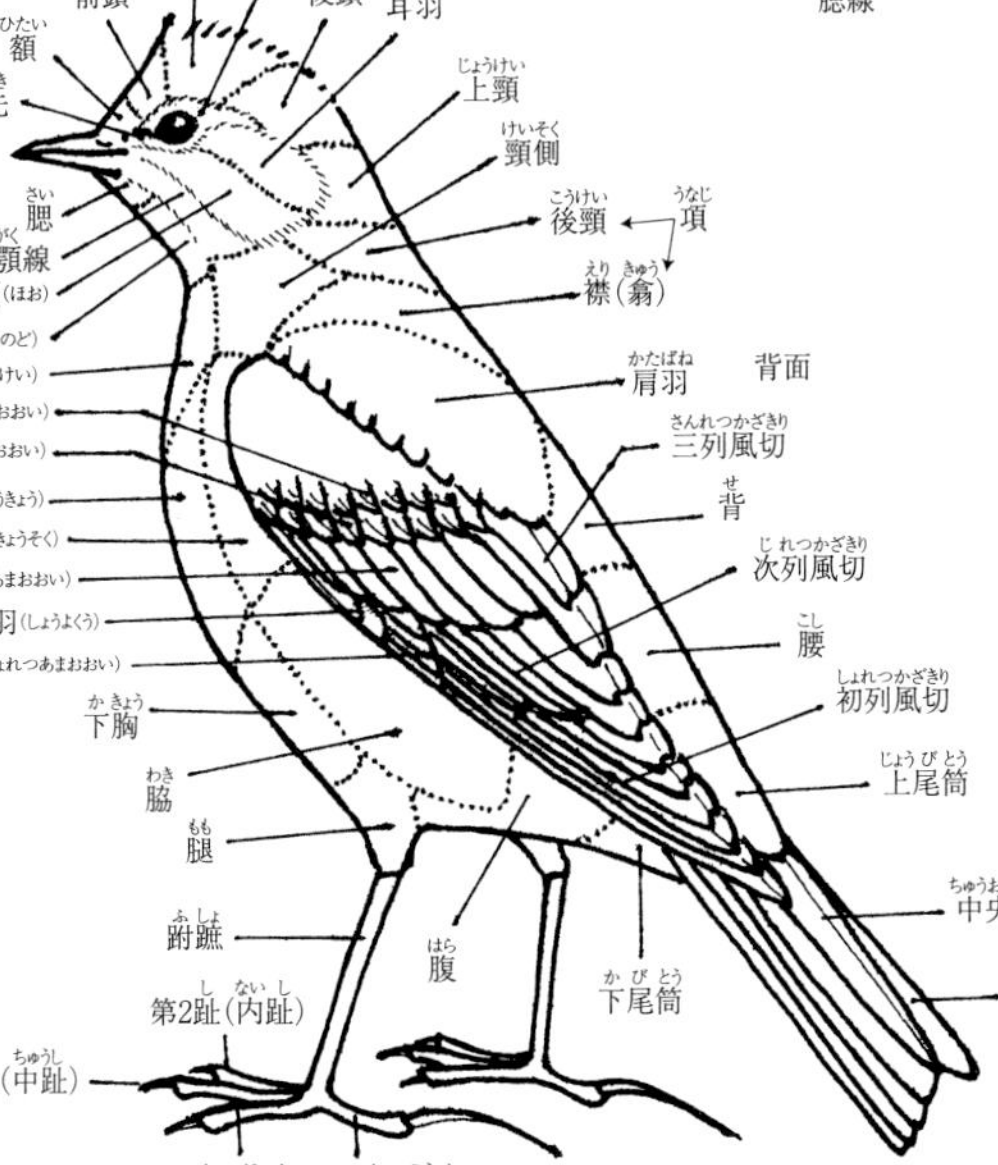

鳥体各部の名称

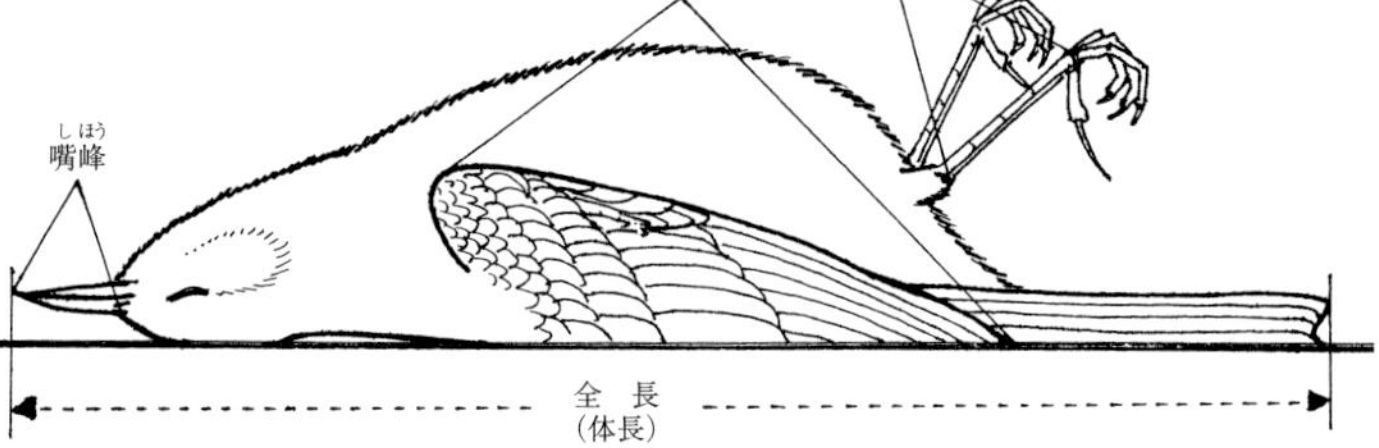

鳥体の大きさ

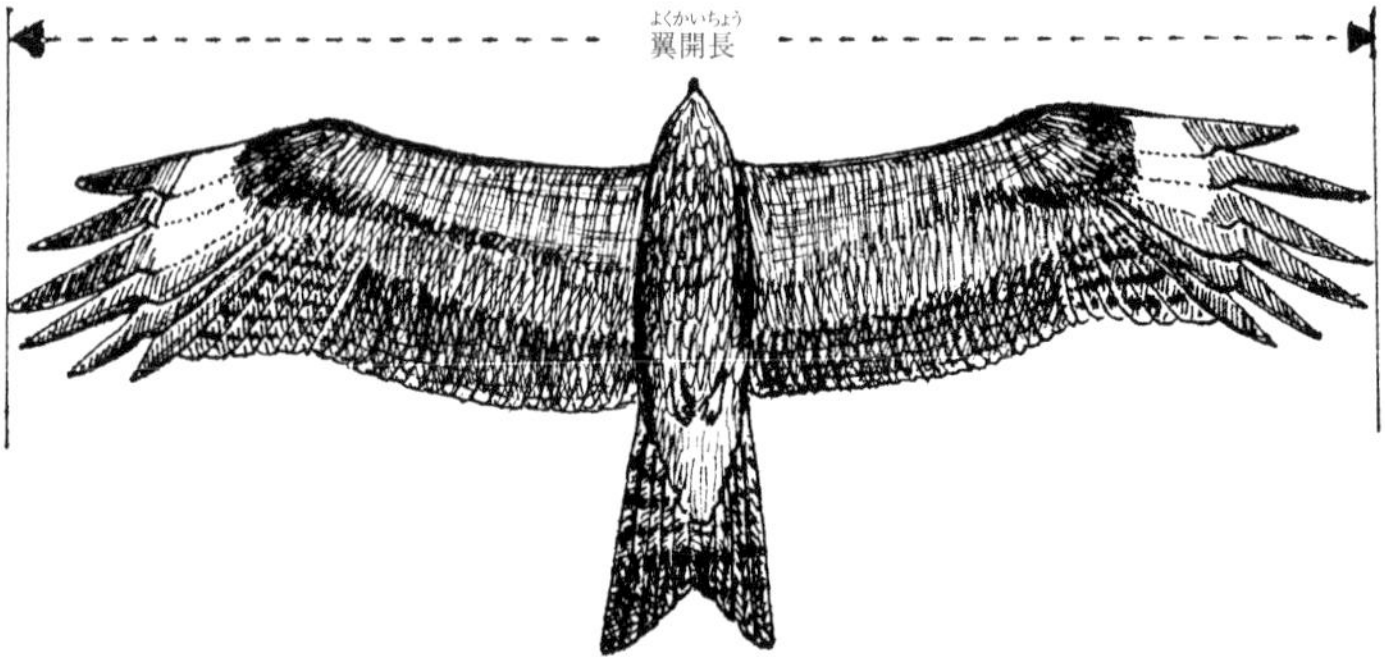
翼開長《よくかいちょう》

鳥体の大きさ

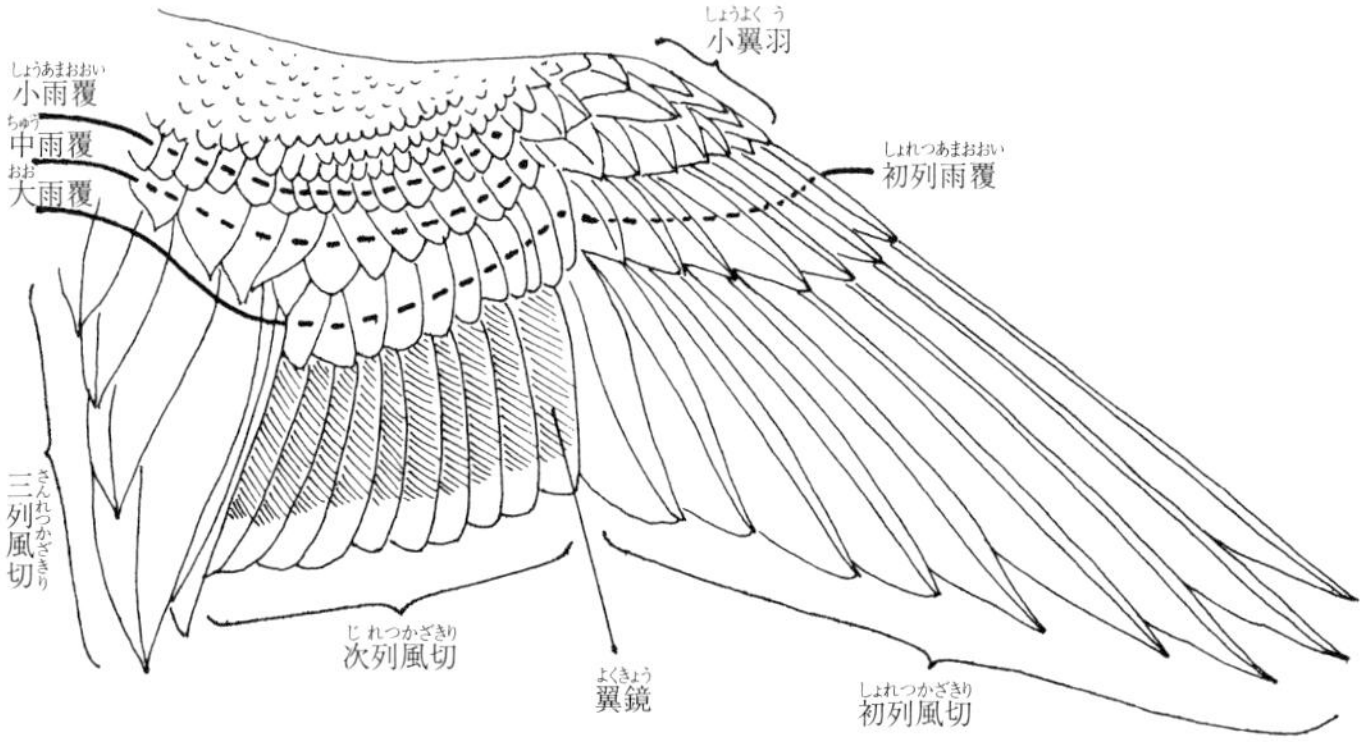
小翼羽《しょうよくう》
小雨覆《しょうあまおおい》
中《ちゅう》雨覆
大《おお》雨覆
初列雨覆《しょれつあまおおい》
三列風切《さんれつかざきり》
次列風切《じれつかざきり》
翼鏡《よくきょう》
初列風切《しょれつかざきり》

翼上面

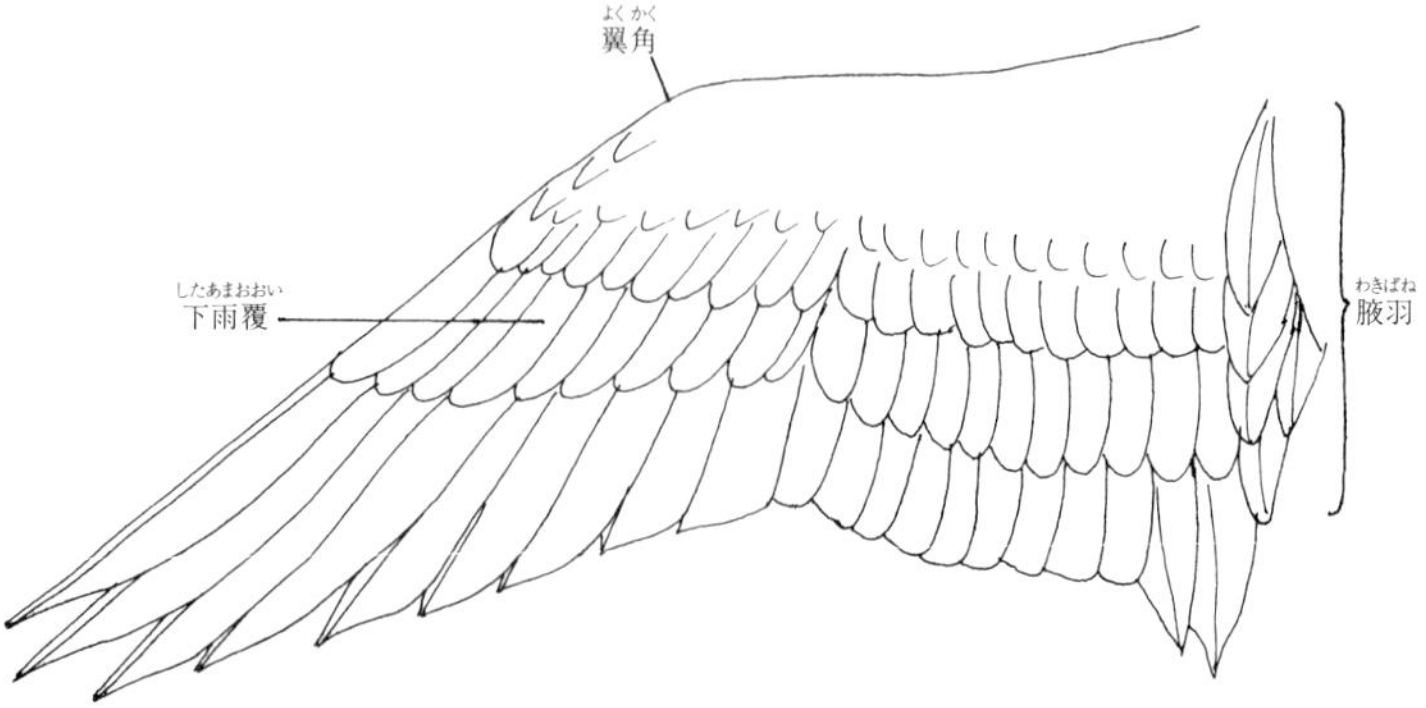
翼角《よくかく》
下雨覆《したあまおおい》
腋羽《わきばね》

翼下面

〈生活型に関する用語〉

鳥の一年間の生活は、雛を育てるために家族単位で生活する繁殖期と、それ以外の非繁殖期（越冬期ともいう）に大きく二分されます。そして、繁殖期を過ごす場所を繁殖地、非繁殖期を過ごす場所を越冬地と呼んでいます。翼を有して飛翔力に優れた鳥の中には繁殖地と越冬地が海を隔てて遠く離れているものも多くいます。そのような鳥を**渡《わた》り鳥《どり》**と呼んでいます。渡り鳥は更に、その地がその鳥の繁殖地であれば**夏鳥《なつどり》**、越冬地であれば**冬鳥《ふゆどり》**、繁殖地と越冬地の間にあれば**旅鳥《たびどり》**と呼んでいます。また、繁殖地と越冬地が近接していてその両方がその地内にあれば、その鳥はその地内で一年中見られることになります。そのような鳥を渡り鳥に対して**留鳥《りゅうちょう》**と呼んでいます。

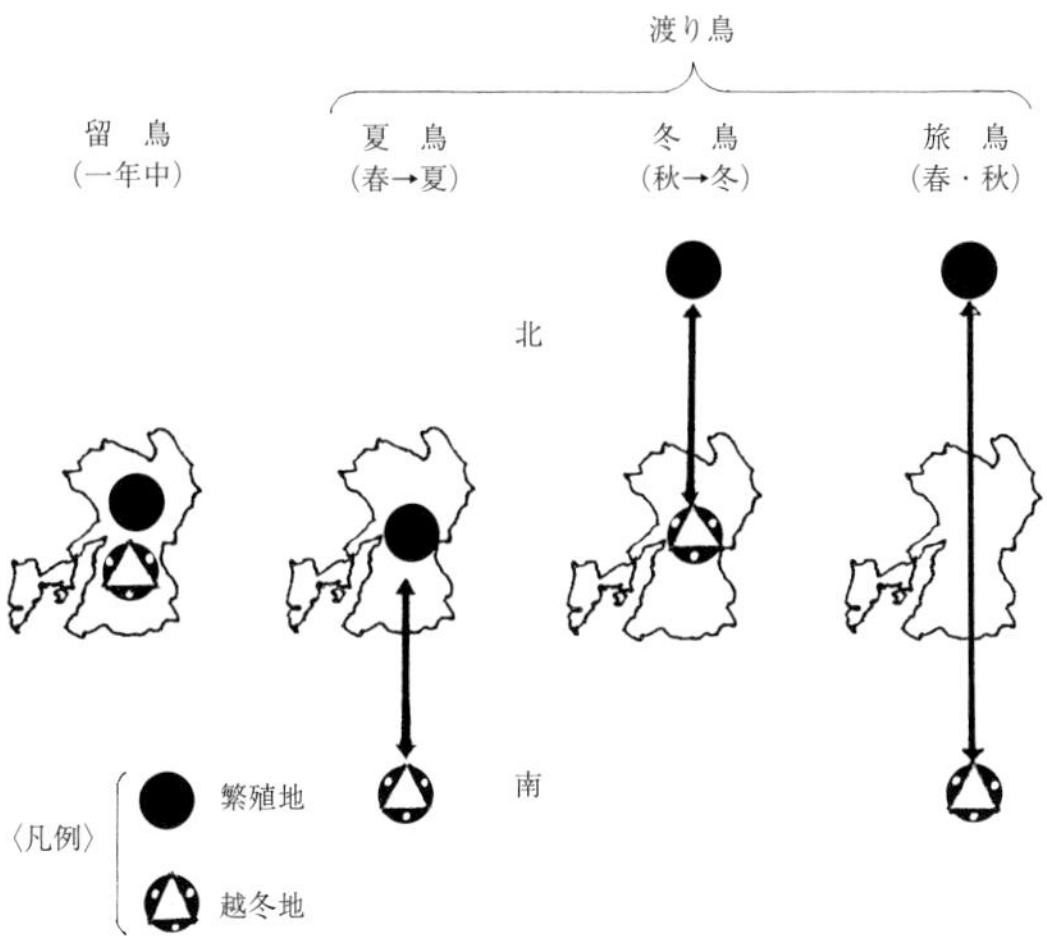

渡りによる生活型

〈羽色に関する用語〉

夏羽（生殖羽）――繁殖に関係した羽毛で、一般に色鮮やかでカラフルなものが多く、特に雄で顕著です。夏羽になるのは必ずしも夏とは限らず、カモ類のように越冬中の厳寒期に夏羽になっているものもいます。

冬羽（非繁殖羽）――繁殖に関係しない地味な羽色で、一般に雄も雌に似た羽色になるものが多い。なかには

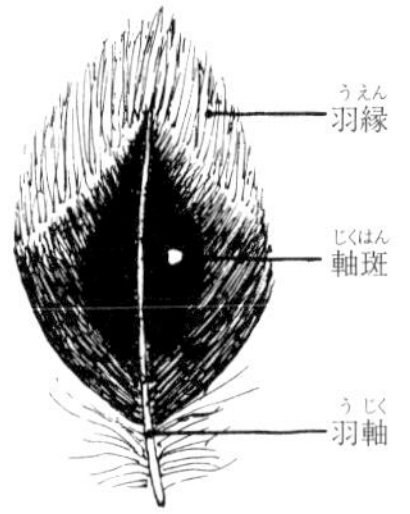

羽毛

スズメやカラス類のように雌雄の羽色の違いも夏羽と冬羽の違いもほとんど認められない鳥も多くいます。

換羽―羽毛が抜け変わることで、どの鳥も秋にはほとんどの羽毛を換羽しますが、春にも換羽する鳥もいます。なお、羽色の変化は、換羽のほかに羽毛の縁（羽縁）の磨耗による場合もあります。

〈分類と鳥名〉

生物分類の基本階級は**種**《しゅ》ですが、同一の種でも地方によって体の大きさ、羽色の濃淡や斑紋の有無などの外見（外部形態）に差異が認められる場合には更に幾つかの**亜種**《あしゅ》（地理的品種）に小さく分けられます。種や亜種への呼び名は、時代により、また地方によってもいろいろ異なっていて煩雑です。それで日本鳥学会は、大正十一年（一九二二）に創立一〇〇周年記念事業として、それまでいろいろに呼ばれていた鳥名を整理してその中から最良と思われるものを一つ選出して**標準和名**として片仮名書きをする『日本鳥類目録』を刊行しました。標準和名には既に江戸時代に広く定着して用いられていた鳥名が多く継承されています。また、標準和名と同様に国際的に統一された学術上の呼び名が**学名**で、国際動物命名規約に則ってリンネが確立した二名式命名法によりラテン語またはラテン化した古代ギリシャ語で人の姓名の姓に相当する**属名**《ぞくめい》と、名に相当する**種小名**《しゅしょうめい》（亜種があれば亜種小名の三名式となる）を書き、更にその後に命名者名と命名年代を記すことになっています。なお、属名と命名者名は大文字、種小名や亜種小名は小文字で書き始める決まりになっています。ちなみに日本の国鳥キジの標準和名はキジで、学名は*Phasianus*《属名》 *colchicus*《種小名》 *robustipes*《亜種小名》 kuroda《命名者名》, 1919《命名年代》となっています。なお、学名では通常、命名者名と命名年代は省略することが多く、本書でもそうしています。

亜種ツグミと基亜種ハチジョウツグミの中間型のツグミ（種）
2014年1月31日　花岡山で

林野の鳥

猛禽類（タカ目・ハヤブサ目・フクロウ目）

鉤形に曲がった強靭な嘴と爪を有して中・小型の鳥獣を捕食しているタカやハヤブサ、フクロウの仲間などの肉食鳥を総合した俗称で、里山の生態系のほとんど最高の地位（ニッチ）にあって、その存在は自然の豊かさを示す指標（バロメーター）になっています。つまり、猛禽類が多いということは、それだけ被捕食者（獲物となる鳥獣）も多いということで、自然が豊かであることの証しなのです。

西山には、トビとハヤブサ、それに夜の猛禽ともいわれているフクロウが留鳥として生息しているほか、サシバ・ハチクマ・アオバズクが夏鳥として渡来し、繁殖しています。また、冬季にはハイタカやオオタカ・ノスリ・チョウゲンボウ・コチョウゲンボウ、それにトラフズクやオオコノハズクなどが冬鳥として渡来し、越冬しており、主に秋の渡りの時季にはツミやチゴハヤブサのほかアカアシチョウゲンボウなども見られています。

▼サシバ（鵚鳩）*Butastur indicus*　タカ科サシバ属、全長四九センチメートル、翼開長一〇三―一一五センチメートル、夏、少

背面は赤褐色で、喉は白くて中央に黒褐色の縦線が一本あります。胸や腹には、成鳥では横斑が密にありますが、幼鳥では縦斑になっています。頭部は、雌では暗褐色ですが、雄では灰色みを帯び、眉斑は白くて雌では幅広くて明瞭ですが、雄では不明瞭です。まれに体に白い部分がほとんど無い全身が暗褐色のものもいます。

鎌倉時代からサシバの名で知られています。その語源は、『語源辞典・動物編』では、サシバの「サシ」は獲物を追って真っ直ぐに飛ぶこと。「バ」は羽よりもむしろ飛翔の仕方につける接尾語的なものとしています。一方、『岩波古語辞典』によると「サシ（射し・差し・指し）」には（雲などが）立ちのぼるや一定方向に直線的に運動する意味がある、とのことで、「バ」は羽、つまり鳥のことでしょうから、秋の渡りの時季にサシバの群れが上昇気流をつかんで旋回しながら鷹柱を立てて上昇し、ある高さに達すると南を目指して一直線に流れるように飛び去って行く光景が目に浮かぶようです。同じ一直線に飛ぶにしても、狩りの時より、渡りの時と解した方がより生態に即しているように思います。

また、サシバの語源といえば、『万葉集』の「渋渓の二上山に鷲《わし》ぞ子産とふ翳（指羽）にも君がみために鷲ぞ子生とふ」の和歌が気になります。翳（指羽）とは、貴人に後方からさしかける柄の長い団扇《うちわ》状のもので、鳥の羽や薄絹、菅などで作られており、鳥では鷲だけでなく、ワシより個体数が多くて入手し易いサシバの羽も材料とされていたかもしれないのです。歴史的にみて、翳（指羽）によく用いられたからサシバと呼ばれるようになったとも考えられるのです。

江戸時代になると、背面が灰色みを帯びたものを「あをさしば」、褐色のものを「あかさしば」と区別しました。雄の成鳥の中には背面が灰色みを帯びたものがおり、このような個体を「青さしば」と呼び、それに対して一般の赤褐色のものを「赤さしば」と呼んで区別したのでしょうか。熊本県南部の球磨郡五木村や相良村では、ほかのタカより赤みが強いことから「ひだか（緋鷹）」と呼んでいます。

アジア東北部で繁殖していて、東南アジアやニューギニアなどで越冬しています。日本には夏鳥として渡来していて、岩手県以南の本州・四国・九州の低山の林で繁殖し、田畑や湿地などでカエルやヘビ、トカゲなどの両生・爬虫類のほかスズメやホオジロなどの小鳥や野ネズミなどの小型哺乳類なども捕食しています。

雛を抱くサシバ
1968年6月1日　相良村深水で

サシバの雌（左下）と雄（右上）
1969年5月22日　相良村山本で

孵化も成長もまちまちなサシバの雛
1968年6月23日　相良村深水で

雛にヤマカガシ（ヘビの一種）をちぎって与えるサシバ
1968年6月1日　相良村深水で

日本の多くの地域で、里山生態系の最高の地位（ニッチ）にあって、里山の自然の豊かさを示す指標（バロメーター）にされています。

春は、三月上旬から四月上旬頃までに渡来します。日本産のタカ類の中では最もよく鳴き、ピックィーとかキンミーなどと鳴きます。赤松の高い枝上に枯れた小枝を積み重ねて皿形の巣を造り、内部（産座）には青葉を敷いて、四月下旬から五月上旬にかけて、淡青灰色の卵を二～四個（多くは三個）産みます。抱卵は主に雌がし、雄は一日のうち数回短時間手伝う程度です。約一か月で孵化し、孵化後三五日前後で巣立ちますが、幼鳥は巣立ち後約二週間は営巣地に留まっています。両生・爬虫類を主に捕食していることから、冬季にはこれらが活動している南方の暖地に渡らなければなりません。秋は、九月下旬から十月中旬にかけて群れをなして渡去しますが、沖縄では越冬するものも少数います。

海を渡るサシバの群れ
沖縄切手（1963年の愛鳥週間記念）

▼トビ（鳶）*Milvus migrans*　タカ科トビ属、全長五九—六九センチメートル、翼開長一五七—一六二センチメートル、年中、普
全体が黒褐色の翼と尾羽が長めの大型のタカで、羽縁は白っぽく、特に若鳥では明瞭で全体が淡い色に見えます。飛んだときには、凹尾と翼角の突出と初列風切基部の白斑が特徴で、開いた翼は極端にいえばM字形になっています。上昇気流に巧みに乗って帆翔し、空高くに円を描きながらピーヒョロヒョロヒョロとよく鳴いています。

奈良時代からトビ（鵄）の名で知られています。『日本書紀』の神武天皇紀には、大和平定のための長髄彦《ながすねひこ》軍との最後の戦いで苦戦していると、突然〝金鵄《きんし》（バフ変した⁉トビ）〟が飛来して皇弓に止まったので長髄彦軍は目が眩《くら》んで戦えなくなり、神武軍が勝利したとあります。トビの語源は、『東雅』では「飛びの意」とし、『大言海』も「よく空高く飛べば名とす」としています。ちなみに中国名も鳶《ユアン》で、英名の kite には凧《たこ》の意味もあり、凧のように高く良く飛ぶということでしょうか。

ユーラシア大陸中南部・北アメリカ大陸・オーストラリア大陸などで広く繁殖していて、六亜種に分けられています。日本産の亜種 *M. m. lineatus* は、ヨーロッパ産よりかなり大型で、アジアの中・東部に分布しています。

日本全国各地に留鳥として普通に生息しています。三月頃、山腹に生えた赤松の高い枝上に枯れた小枝を積み重ねて皿形の巣を造り、内部（産座）には紙屑や縄片、獣毛などを敷いて、灰白色に赤褐色の小斑や条斑が散布する卵を二～三個を二日おきに産み、初卵から抱卵して約一か月で孵化し、二～三か月後に巣立ちます。抱卵は雌が主で、雄は抱卵中の雌に餌を運んで来ますが、雌が巣を空けているときには雄も抱卵します。

トビの雌（下）と雄（上）
2011年2月7日　松尾町で

金鵄（紀元2600年記念切手、1940年発行）

留鳥のようにみられているようですが、北方で繁殖するものは冬季には南方に渡ります。それで秋と春の渡りの時季には日頃は見かけない場所で思わず見かけることもあります。学名の種小名 *migrans* は渡るの意です。また、秋から冬にかけての非繁殖期には数十羽から、ときには数百羽もが集まって就塒します。

主に、死んだり弱ったりしている小動物や魚などを食べていて自然界での掃除屋的な役割も果たしています。それで、もっぱら生きた鳥獣を捕食しているほかのタカ類より格下にみられていて、「鳶が鷹を生んだようだ」などという諺（平凡な親が優れた子を生むたとえ）も生まれています。トビはれっきとしたタカ類の一種で、大型で、しかも神武軍に勝利をもたらせた武功によって金鵄勲章の基にもなっているのにさぞ不満のことでしょう。

▼ハチクマ（蜂角鷹）*Pernis ptilorhynchus* タカ科ハチクマ属、全長五七―六一センチメートル、翼開長一二一―一三五センチメートル、夏、少

トビより少し小さい大型のタカで、尾羽の先端は丸みを帯びています。一見、クマタカに似て、ハチの幼虫や蛹を好んで食べることからその名があります。クロスズメバチの土中の巣を足で掘り出すほか、養蜂ミツバチの巣箱を襲ったりもします。江戸時代前期からハチクマの名で知られていますが、当初の頃は「ハチ」には漢数字の「八」の字が充てられていて、江戸時代中期以降は「蜂」の漢字が充てられるようになりました。ちなみに英名はOriental Honey Buzzardで、Honey（蜂蜜）を好むという意味が込められています。

顔の羽毛は細かくて密生していて鱗状になっています。学名の種小名 *ptilorhynchus* はギリシャ語の ptilo（羽毛）と rhunkhos（嘴）とから成っていて、嘴基部から眼先にかけての短い密な羽毛に注目した名になっています。この密な羽毛は蜂の針をかわすためのようです。羽色は個体変異が大きく、背面は褐色か黒褐色ですが、腹面は濃淡の差が大きく、しかも縦斑や横斑があるものから無いものまで変化に富んでいます。飛んだとき、頭部は翼の前縁から突き出る部分が長く、尾羽も長めで、黒褐色の幅広い横帯が二、三本あります。眼の虹彩は雌では黄色又は橙黄色ですが、雄は褐色又は黒くしています。

ユーラシア大陸で広く繁殖していて、六亜種に分けられています。北方で繁殖したものは南方に渡って越

冬しています。日本へは亜種ハチクマ *P. a. orientalis* が夏鳥として渡来していて、本州・四国・九州の一五〇〇《メートル》位までの森林で繁殖しています。蜂類だけでなく、カエルやヘビ類なども捕食しています。

西山では金峰山や外輪東麓で繁殖が確認されており、秋の渡りの時季にはよく見られます。

▼ハイタカ（鷂）*Accipiter nisus* タカ科ハイタカ属、全長三二―三九《センチメートル》、翼開長六二―七六《センチメートル》、冬、普

雌雄で体の大きさや羽色がかなり異なり、雌が大きくて、背面は暗青灰色でほとんど黒色に近く、腹面は白地に褐色の横斑があるのに対して、雄は雌の八割くらいの大きさで、羽色も全体的に淡く、特に腹面の横斑はそうで全体が淡い赤褐色に見えます。幼鳥の羽色は雌に似ていますが、背面が褐色みを帯び、喉から上胸にかけて褐色斑があります。眼の虹彩は、雌雄、幼鳥ともに黄色で鋭くて精悍に見え、白い眉斑があるのも共通しています。

ドバトを捕食するハイタカ（雌）
1995年12月7日　池上町で

ハイタカ
（ポルトガルの郵便切手）

　平安時代から「はしたか」の名で知られ、小鳥を捕らせる鷹狩に用いられました。ただこの「はしたか」は雌に対する呼び名でして、小型の雄は「このり」と区別して呼ばれていました。鎌倉時代からハイタカと呼ばれるように

なり、室町時代に「鵅」の漢字が充てられました。ハイタカは「はしたか」のイ音便で、「このり」は『大言海』では「小鳥に乗り懸るから」としています。ところで当初の「はしたか」の語源は、『日本釈名』では「疾《はや》き鷹《たか》」の意とし、『語源辞典・動物編』では「はしっこい鷹、つまり、素早く飛び回る小鷹の意で、「ハイ」は早いの意の「はし（疾）」のイ音便したもの」と同じ説を採っています。

ユーラシア大陸で広く繁殖していて六亜種に分けられています。日本では、亜種ハイタカ *A. n. nisosimilis* が北海道と本州中部以北で繁殖していて、それ以南の地には冬鳥として渡来しています。体は小さいが気性が荒々しくて、専ら小鳥を捕食しています。木の茂みに潜んで待ち伏せ、ねらった獲物は執拗に追いかけ、狩りは巧みです。

▼ツミ（雀鷹）*Accipiter gularis* タカ科ハイタカ属、全長二七—三〇センチメートル、翼開長五一—六三センチメートル、秋、普

日本産タカ類中では最も小さく、雄はヒヨドリくらいの大きさしかなく、大きい雌でもキジバトより小さい。背面は濃い灰色で、雄はほとんど黒色に近く、幼鳥は褐色みを帯びています。腹面は白く、雄は胸側から脇にかけては黄褐色で、雌の腹面には黒褐色の細い横斑が密にあります。幼鳥は胸に縦斑があり、腹部の横斑も幅広くて粗い。雌と幼鳥には喉の中央に一本の褐色の縦斑があります。眼は黄色く縁取られていて、虹彩は、雄は暗赤色で、雌と幼鳥は黄色い。尾羽には暗褐色の横帯が雌雄とも三本あり、幼鳥では本数が多い。

平安時代から雌をツミ（雀鷂）、雄を「えっさい（雀䳄）」と呼び、「すずみたか（雀鷹）」や「こたか（小鷹）」などとも呼んでいましたが、鎌倉時代以降はもっぱらツミと呼ばれています。ツミについて日本最古の漢和辞典『倭名類聚鈔』（九三四年）には「よく雀を捕らえて、ひっさげている鷹」とあります。このようにスズメをよく捕食することから異名の「すずみたか（雀鷹）」が転じてツミになったようです。ちなみに英名は Japanese Lesser Sparrowhawk（Sparrow《雀》+ Hawk《鷹》）で、雀鷹という意味になっています。なお、

ツミ（幼鳥）
1968年10月20日　人吉市南泉田町で

スズメ（雀）は、鳥名であるとともに小さいという意味も含んでいますので、日本産最小のタカであるツミに「雀鷹」の漢字を充てているのは生態、形態の両面から当を得ています。ただ、中国名の雀鷹はハイタカ（鷂）のことです。

ユーラシア大陸の東部から東北部にかけて繁殖していて、二つの亜種に分けられています。日本では基亜種のツミが、九州・四国・本州・北海道の森林で繁殖していますが、繁殖についてはかつては富士山麓（一九五四年）や四国の石槌山（一九六八年）でしか知られておらず、九州でも阿蘇外輪山の菊池渓谷で昭和四十九年（一九七四）に初めて繁殖が確認されたくらいでした。ところが一九八〇年代になると関東地方では意外にも市街地の公園や校庭などでの繁殖が急にみられるようになりました。その理由は分かりません。北方で繁殖するものはアジア南部で越冬しているようで、秋の渡りの時季には市街地でも見られ、スズメを追って人家に飛び込んで来たりすることもあります。昭和四十六年（一九七一）九月九日に河内町船津の河内中学校近くの人家にスズメを追って幼鳥一羽（雌）が飛び込んで来ました。けがもしていないようで元気そうでしたので、身体各部を計測した後に放鳥しました。

▼オオタカ（蒼鷹・大鷹）*Accipiter gentilis*　タカ科ハイタカ属、全長五〇―五七センチメートル、翼開長一〇五―一三〇センチメートル、冬、普

雄はハシボソガラス大で、大きい雌はハシブトガラス大の中型のタカで、背面は暗青灰色で、尾羽には四

本の黒帯があります。

ユーラシア・北アメリカ両大陸の中北部で広く繁殖していて、八亜種に分けられています。日本ではかつては北海道と本州の低山帯の森林で繁殖していて、九州では冬鳥としてまれに見られる鳥とみられていました。しかし、平成十年頃から九州でも繁殖が知られるようになり、留鳥化が進んでいます。

奈良時代から「あをたか（蒼鷹）」の名で知られています。ちなみに中国名も蒼鷹《カンギング》です。平安時代から「おほたか（大鷹）」と呼ばれるようになりました。「あを（蒼）」は成鳥の背面の色で、「おほ（大）」は鷹狩に使われるハイタカ（鷂）などより大きいことによっているとみられます。なお、「たか（鷹）」の語源は、『日本釈名』では「高く飛ぶなり」とし、『東雅』では「猛（たけ）の転に似たり」としていて、この二説が有力視されています。

キジやカモ類、小鳥、ノウサギなどを足で掴み獲っており、狩りが巧みなことから後述するハヤブサと共に古くから飼い馴らして鷹狩用として重宝されています。鷹狩では、体が大きくて強い雌の方が重宝され、雌を「おほたか（大鷹）」または「だい（弟鷹）」と呼び、雄は「せう（兄鷹）」と呼んで区別されてきました。音は別にして漢字だけを見ると逆ではないかと思えます。雌雄を兄弟にたとえるのは不適当で、「だい（弟）」には「大」、「せう（兄）」には「小」の漢字を本来は充てるべきでしょう。

平安時代に鷹狩が盛んになると、幼鳥には成長段階に応じて呼び名が付けられました。一歳鷹は「わかたか（黄鷹）」、二歳鷹は「かたかへり（撫鷹）」、三歳鷹は「もろかへり（鶬鷹）」または「あをたか（青鷹）」といった具合です。「かへり」は換羽のことで、一年に一回かへり（換羽）すると二歳になって「かたかへり」、二回かへり（換羽）すると三歳になって「もろかへり」というわけです。

なお、奈良時代に「あをたか（蒼鷹）」の呼び名より古くに百済語の「くち（倶知）」の呼び名もありましたが、これもオオタカのことのようです。
　西山では二〇〇〇年代になってから冬季に見かけることが多くなりました。

オオタカ（若鳥）
2012年1月29日　松尾町で

オオタカ（ポルトガルの郵便切手）

〈鷹狩〉

獲物を捕るのが巧みな鷹や鷲、隼などの猛禽を飼い馴らして野生鳥獣を捕獲する猟法で、「放鷹」ともいいます。およそ四〇〇〇年前に中央アジアの平原で始まり、日本には、中国・朝鮮を経て仁徳天皇四十三年（三五五）に伝わったとされています。『日本書紀』の仁徳紀によると、ある日、依網《よさみ》の屯倉《みやけ》の阿《あ》珥古《じこ》という者が見慣れない鳥を捕まえて天皇に献上しました。それを見た百済出身の酒君《さけのきみ》という者が「この鳥は私の故国では「くち（倶知）」と呼んでいて、飼い馴らしていろんな鳥を捕らせています」と申し上げました。そのことに興味をもたれた天皇はその鳥を酒君に調教するよう命じられました。そして、調教が済んだその鳥を使って四十三年九月二十日に百舌鳥野《もずの》で天覧鷹狩が行われたところ数十《あまた》のキジを捕ったとのこと。それで感心された天皇は同月中に鷹の飼養、調教を担当する鷹甘部《たかかいべ》を設けられたという。なお、考古学的な資料としては上野国（現在の群馬県）の六世紀頃の古墳から左腕に鷹を据えた鷹匠の埴輪が数点出土しています。

鷹狩は、仏教が盛んになると殺生禁断の思想から一時期禁止されましたが、平安時代になると再び盛んになりました。なかでも嵯峨天皇は鷹狩が好きで、『新修鷹経』（全三巻）も著されています。これは日本で最初の貴重な鷹狩の技法書で、後代まで長く読み継がれています。豊臣秀吉は、天皇がもっていた鷹の支配権を奪い、後の江戸幕府もこれを踏襲して特定上級武士の特権的な行為と位置づけました。鷹狩は高雅な野外スポーツとして歴代の特権階級の間でもてはやされ、特に江戸時代には大名の間で流行しました。鷹狩のための専用の「鷹場」を設けて、獲物がよく捕れるように鳥見や番人を配置して穀物を蒔くなどして鳥獣の増殖を図りました。将軍専用の鷹場は御留場《おとめば》（御拳場《おこぶしば》）、鷹匠が実地訓練する鷹場は御捉《おとり》飼場《かいば》と呼ばれ、一般の狩猟は堅く禁じられていました。

鷹狩に用いられるのはオオタカとハヤブサが最も多くて、キジやガン・カモ類、ツル類、サギ類、バン、ノウサギなどを捕らせました。ハイタカやツミ、コチョウゲンボウなどは、オオタカより小型で小鷹と呼

イヌワシ

ハヤブサ

（左右ともポルトガルの郵便切手）

ハヤブサの仲間
（マン島の貨幣）

ばれ、コガモやウズラ・ヒバリなどの小型の鳥を捕らせるのに用いられました。また、東北地方ではマタギがクマタカを用いてノウサギやタヌキ・キツネなどを捕らせていました。なんでも中央アジアのキルギス草原ではイヌワシを用いてオオカミなども捕らせているとか。鷹狩は、ヨーロッパやアラブ世界までグローバルな広がりをみせていて、神聖ローマ帝国皇帝フリードリヒ二世は、『鷹狩の書』を著しており、一三世紀の写本は現存しているとか。

日本での鷹狩は、外国でのように単に狩猟だけを目的にするのではなくて、武を練り、あるいは民間事情の視察を兼ねて行われ、いわば朝廷や幕府などの公的行事として行われてきたことに特徴があるといわれており、戦前までは宮内省の年中行事の一つとして行われていました。現在では、鷹狩用の鷹の雛を捕ったという「鷹取山」や、その目的のために保護したという「巣鷹山」「鷹巣」「御巣山」「巣入れ」などの地名にかつて盛んだった鷹狩の一端が偲ばれるだけとなっています。

〈殉死した愛鷹〉

肥後の初代藩主細川忠利公は、時代の背景もあってか父親（忠興）ゆずりの鷹好きだったようです。ちなみに母親は明智光秀の娘玉子（ガラシャ）です。忠利公は寛永十八年（一六四一）三月十七日に亡くなりますが、遺言によって、九州新幹線熊本駅すぐ北側の花岡山（一三三メートル）南麓にある岫雲院《しゅううんいん》（春日寺《かすがじ》）で茶毗に付されることになりました。『岫雲院由来覚書』（一七三九年）によると、忠利公は生前、鷹狩の途次に当院にたびたび立ち寄られていたとのことですから、おそらくそんなことが関係していたのでしょう。花岡山から南西方向に鉤形に連なる万日山（一三六メートル）とに囲まれた山麓一帯は、元来、両山に降った雨水が溜まった湿地で、当院から西北西約二四〇メートルの地に私の家が建った昭和五年（一九三〇）頃には祖母の話では一帯は一面蓮田が広がっていて、冬季には格好の鴨猟場になっていたとのことで、たぶんこの辺りが鷹場になっていたのではないかと思われます。

　この忠利公の死にともなう家臣一九人の殉死にまつわる悲劇を主題にしたのが森鷗外の歴史小説『阿部一族』（一九一三年）で、『阿部茶事談』ほか細川家関係の資料をもとに書かれたとかで、遺体を荼毘に付す際に忠利公が生前に愛育していた鷹（オオタカ?）が放されたところ、「有明」と名付けられた鷹は煙の中に飛び込んで焼死し、「明石」は境内の井戸に飛び込んで入水死したそうです。宗教の世界では教祖の死に際して感化を受けた鳥獣までもが嘆き悲しむ話や図はよく耳に目にしますが、忠利公もそれほどの希代の名君だったということで、鷹狩が盛んだった時代ならではの珍事談です。

オオタカの幼鳥？
（雪村筆、重文）

▼ノスリ（鵟）*Buteo buteo* タカ科ノスリ属、全長五四センチメートル、翼開長一二二―一三七センチメートル、冬、普
トビより少し小さい中型のタカで、全体が淡褐色で、ひげ状の顎線と、喉、それに両脇が黒褐色であることが、ほかのタカ類との区別ポイントになっています。眼の虹彩は褐色で、精悍さはありません。飛ぶと、翼は幅広くて、尾羽は短めで、下面は一様に白っぽくて鷹斑は目立たず、わずかに風切の先端と翼角の黒色だけが目立っています。

　奈良時代から「くそとび」の名で知られており、「のせ」と呼ばれていたタカの一種も本種ではないかとみられています。「のせ」の語源は、『大言海』では、野にすむオオタカの雄を意味する「のせう（野兄鷹）」が略されたのではないかとしています。野原の上を滑空するのでノスリ（野擦り）で、江戸時代にノスリの呼び

ノスリ　2006年1月11日　松尾町で

名が定着したようです。

ユーラシア大陸の中緯度域で広く繁殖していて五亜種に分けられています。日本産の亜種ノスリ *B. b. japonicus* は、およそバイカル湖以東で繁殖していて、日本でも北海道から九州にかけての低山帯の森林で繁殖しています。九州では主に冬鳥で、繁殖するものは少なく、阿蘇で少数が知られているだけです。冬季には平地の田畑などにも漂行して来て、主に野ネズミやモグラなどを捕食しています。木の梢や電柱に止まったり、ときには停空飛翔（ホバリング）しながら獲物を探し、見つけると、野を擦るように低空を滑翔して捕らえます。

花岡山から万日山にかけて毎冬一羽が見られ、ハシブトガラスやハシボソガラスの群れによく追われています。

▼ハヤブサ（隼）*Falco peregrinus* ハヤブサ科ハヤブサ属、全長三八―五一センチメートル、翼開長八四―一二〇センチメートル、年中、普

背面は暗青灰色で、腹面は白地に黒色の横斑が密にあり、尾羽は比較的短くて数本の黒帯があります。雌雄の羽色は似ていますが、雌が大きくて雄の一・三倍以上あります。幼鳥は全体に褐色みを帯び、腹面の斑紋も黒褐色で縦斑になっています。眼の虹彩は、雌雄、幼鳥ともに黒っぽく、眼の下から頬にかけひげ状の黒斑があって目立っています。

奈良時代からハヤブサ（隼）の名で知られており、その語源は、『東雅』では「ハヤブサはハヤトブで、ハヤは速い、トブサはツバサの転」としており、『大言海』では「はやつばさ（速翼）の略で、鷹類の中にて殊

に猛く速ければ云ふ」と同様の説を採っています。ちなみに古代エジプトではハヤブサはこの世で最も早い光の神ホルスとされていました。

南極大陸と南アフリカを除く世界中で広く繁殖していて一八もの亜種に分けられています。日本では、亜種ハヤブサ *F. p. japonensis* が北海道・本州・九州で、亜種シマハヤブサ *F. p. furuitii* が硫黄列島の北硫黄島で繁殖しているほか、亜種シベリアハヤブサ *F. p. harterti* や亜種オオハヤブサ *F. p. pealei* の迷行記録もあります。

冬季には全国各地で見られ、ヒヨドリやカモ類、サギ類、シギ・チドリ類などの主に鳥類を、上空から石礫《いしつぶて》のように急降下して体当たりせんばかりにして鋭い爪で蹴殺して掴み捕るというダイナミックな狩りをしています。私が住んでいる九州のほぼ中央部に位置する熊本県内では従来は冬季にたまに見かけるくらいでしたが、平成十年頃から夏季にもみられるようになり、平成十九年には西山西部の有明海に面した石切り場（採石場）の断崖で繁殖も確認されました。九州では近年、各地で留鳥化しての繁殖が進展しているようです。

亜種シマハヤブサ

▼チゴハヤブサ（稚児隼）*Falco subbuteo*　ハヤブサ科ハヤブサ属、全長二八―三一センチメートル、翼開長六九―七六センチメートル、秋、普

ハヤブサより小さく、およそキジバト大で、江戸時代前期からその名で知られ、稚児隼の漢字が充てられています。ちなみに学名の種小名 *subbuteo* も小さいハヤブサという意味です。一見ハヤブサに似ていますが、腹面には成鳥でも縦斑があり、下腹部は赤褐色で違っています。ただ幼鳥の下腹部は赤褐色ではありません。翼は静止時には尾羽の先を越えるほど長くて、飛んだときのシルエットはアマツバメに似て見えます。ちなみに中国名は燕隼です。

ユーラシア大陸とアフリカ北部で広く繁殖しており、二つの亜種に分けられています。日本では基亜種のチゴハヤブサが北海道や本州北部に夏鳥として渡来しており、自らは巣を造らずにカラスやタカ類の古巣を利用して繁殖しています。それ以南の地では主に秋に旅鳥として見られます。小鳥のほか、昆虫もよく捕食し、風上に向かって停空飛翔（ホバリング）しながらトンボ類を食べているのをよく見かけます。

チゴハヤブサ
（ポーランドの郵便切手）

▼チョウゲンボウ（長元坊）*Falco tinnunculus*　ハヤブサ科ハヤブサ属、全長三〇―三三センチメートル、翼開長六九―七四センチメートル、冬、普

およそキジバト大の翼と尾羽が長めのスマートな体形で、雄の成鳥は頭部と尾羽が灰色ですが、雌と幼鳥は全身が褐色で黒斑があります。ちなみに中国名は紅隼《ホングスン》です。

江戸時代前期からチョウゲンボウ（長元坊）の名で知られており、「くそとび」や「まぐそたか」などとも呼ばれていました。チョウゲンボウの語源は、『語源辞典・動物編』では「チョウは鳥で、ゲンボウは繁殖地が多い北関東一帯でのトンボの方言ゲンザンボーやゲンザンボ、ゲンザッポー、ケンザッポーなどによるとし、飛ぶシルエットや飛び方がトンボに似て見えることから鳥ゲンボウになったのではないか」としていて説得力があります。

ユーラシア・アフリカ両大陸で広く繁殖していて、一一もの亜種に分けられています。日本では亜種チョウゲンボウ *F. t. interstinctus* が、主に本州中部以北の低山帯の崖地で、半ば集団的に繁殖していて、それ以南の地には冬鳥として渡来しています。田畑などの広く開けた場

チョウゲンボウ
（ポーランドの郵便切手）

所でよく見られ、妙にヒラヒラした羽ばたきと短い滑翔を交互に直線的に飛び、ときどき巧みに停空飛翔（ホバリング）して野ネズミや小鳥、バッタなどをねらい、捕食しています。

▼コチョウゲンボウ（小長元坊）*Falco columbarius* ハヤブサ科ハヤブサ属、全長二八―三一センチメートル、翼開長六一―六六センチメートル、冬、普

チョウゲンボウと似ていて少し小さいことからその名があります。ちなみに学名の種小名 *columbarius* はハトに（大きさが）似たという意味です。特に尾羽がチョウゲンボウより短く、雄の背面は全体が灰色で、雌も全体に灰色がかっており、腹面の斑紋も大きくて粗い。

ユーラシア・北アメリカ両大陸で広く繁殖していて八亜種に分けられています。日本には亜種コチョウゲンボウ *F. c. insignis* が冬鳥として渡来していて、チョウゲンボウ同様に田畑など広く開けた場所で見られ、飛翔はチョウゲンボウより力強く敏速で、主に小鳥を捕食しています。

▼アカアシチョウゲンボウ（赤足長元坊）*Falco amurensis* ハヤブサ科ハヤブサ属、全長二五―三〇センチメートル、翼開長六九―七六センチメートル、秋、少

足のほかに嘴基部のろう膜と眼の周囲も雌雄共に赤い。雄は全体的に灰黒色で下腹から下尾筒にかけては暗赤褐色をしています。雌の腹面は淡褐色の地に黒色縦斑があり、眼の下にはひげ状の大きい黒斑があります。飛ぶと、雄は下雨覆の白と風切の黒の対照（コントラスト）が鮮やかで、雌は風切や尾羽に数条の黒帯があります。

ユーラシア大陸のヨーロッパ中部から東は中国東北部にかけて広く繁殖していて、冬季にはアフリカ南部やインドなどに渡るとされ、日本では主に秋の渡りの時季に、主に日本海側で少数が見られます。田畑など広く開けた場所で見られ、よく電線に止まって獲物を探し、主に昆虫を捕食していますが、ときには野ネズ

ミヤ小鳥・カエル・トカゲなども捕食するとか。

▼フクロウ（梟）*Strix uralensis* フクロウ科フクロウ属、全長四八―五二センチメートル、年中、普

頭でっかちの寸胴で、顔は丸くて大きい褐色の眼が正面に二つ並んでいるのでなんとなく人間くさい愛敬がある顔つきをしています。背面は褐色の地に黒色や灰白色などの複雑な斑紋があり、特に肩羽外側の灰白色は目立っています。顔盤は灰白色で、腹面は淡灰褐色の地に大きい黒色の縦斑が粗に散在しています。足は趾まで羽毛に覆われています。羽色はグロージャーの規則どおりに南方のものほど黒っぽくなっています。

奈良時代から「ふくろふ（梟）」の名で知られています。日本最古の漢和辞典『倭名類聚鈔』（九三四年）には、フクロウには「さけ」の異名があり、父母を食う不孝な鳥、とあります。これは中国の漢字辞書『説文解字』に、フクロウは父母を食う不孝な鳥であると書かれていることに準じているようです。

フクロウの語源については、「ふくらふ（父食）の義か」（『燕石雑志』）や「ははくらふ（母食）の義か」（『日本釈名』）、「ふほくらふ（父母喰）の義」（『言元梯』）、あるいは「毛のふくれた鳥の義」（『日本釈名』、『和訓栞』）などの諸説がありますが、『東雅』の鳴き声由来説が有力で、異名の「さけ」も「叫ぶ」によるとしています。

ユーラシア大陸の温帯から亜寒帯にかけて分布していて、地域によって羽色（後頭から後頸にかけてと、腹面の模様）が異なることから六亜種に分けられています。分布域の西端ヨーロッパと東端アジアでは、中央部のものより暗色だとか。日本には四亜種が生息しています。つまり、北からエゾフクロウ *S. u. japonica* が北海道と南千島に、フクロウ *S. u. hondoensis* が本州北部に、モミヤマフクロウ *S. u. momiyamae* が本州中部に、キュウシュウフクロウ *S. u. fuscescens* が本州南西部と四国、九州の森林に生息しています。

九州に生息しているものは、腹面の縦斑の幅が五―八・五ミリメートルと広くて最も黒っぽく、なかには白色部が全くない暗色型といわれているものもいます。

タブの樹洞の巣に帰って来た亜種キュウシュウフクロウ
1981年4月27日　金峰山で

繁殖期は早く、厳寒の二月頃から太く低い声で鳴き始め、ホッホー、コロット、コーゾの鳴き声は、「五郎《ごろ》助奉公《すけほうこう》」とか「ぼろ着《き》て奉公《ほうこう》」「糊《のり》つけ干《ほ》うせ」などと聞き做されて親しまれています。熊本県南部の相良村では鳴き声から「ころっとこうぞ」と呼んでいて、周辺の球磨郡では縮めて「こーぞ」と呼んでいました。ただ、これらは雄の鳴き声で、雌はギャーギャーとかフギァーフギァー、あるいはゴッゴッゴッなどと鳴きます。三―四月に巨樹の樹洞や、ときには地上に純白のピンポン玉のような卵を二、三個産みます。雌が抱卵し、約一か月で孵化します。孵化後も約二週間くらいは雌が雛を抱き続け、孵化後約一か月で巣立ちます。その間、雄は巣を見張り、雌や雛に餌を運んで来ます。雄は餌を運んで来ると巣の近くでホッホー、コロット、コーゾと呼びかけるように鳴きます。すると、雌は巣で応えるようにギャーギャーとかフギャーフギャーと鳴きます。その後は雄が直接巣まで運び込むこともあれば、雌が出向いてもらい受けることもあります。運び込まれる餌の多くは野ネズミ類で、小鳥やコジュケイ、カエル類など周辺で捕れるものはなんでもといった感じです。巣立ちは、ほかの鳥のように巣から勢いよく飛び出すのではなく、まだ翼の羽も生え揃わず全身が綿羽に覆われたぬいぐるみ状態で行われ、樹洞の巣穴から落ちるようにして地上に下り、足と嘴を使って次の木によじ登って枝伝いに移動し、それができないときには再び地上に下りて次の木によじ登るといったことを繰り返して巣から遠ざかって行くのです。この段階で巣から落ちたのではないかと誤解されて保護（誘拐!?）されることがよくあります。フクロウのように大きい鳥が営巣できるような大きい樹洞がある巨樹は少なくなっていて、同じ樹洞で何年も繁殖を繰り返しています。

野ネズミ類を多く捕食している農林業上有益な鳥ですが、近年は営巣できるような樹洞を有する巨樹は少なく、また、殺そ剤散布の影響もあるようで少なくなっています。

〈民話「フクロウの染物屋」〉

フクロウは、昔には染物屋をしていて、鳥たちの注文に応じていろんな色に染めてやっていたそうです。カラスが一番美しい色に染めてほしいと注文したので、ああでもない、こうでもないといろいろ工夫していたところ真っ黒くなってしまったそうです。それでカラスはたいそう怒り、今でもフクロウを見つけると追いかけまわすのだそうです。フクロウがカラスが活動する昼間はひっそり身を隠していて、カラスが寝ている夜間に活動するのはそのためで、「糊《のり》つけ干《ほ》うせ」と鳴くのはかつて染物屋をしていたときの口癖だとか。

▼アオバズク（青葉木兎）*Ninox scutulata* フクロウ科アオバズク属、全長二七―三一センチメートル、夏、普

ズク（木兎）といってもウサギの長い耳のような羽角（飾り羽）は無く丸坊主で、しかもフクロウの仲間にしては頭が小さくて顔盤もあまり発達しておらず、翼や尾羽も長いことから、ちょっと小型のタカ類に似て見えます。背面は一様に黒褐色で、腹面は白地に黒褐色の太くて粗い縦斑があり、眼の虹彩は黄色で、顔が

黒褐色のこともあって目立っています。

江戸時代中期から「あをば（青葉）づく」の名で知られており、「こづく」や「いうづく」「をながつく」「よしか（薩摩）」などとも呼ばれていました。アオバズクの語源は、青葉の候に夏鳥として渡来することによっています。

アジアの温帯から熱帯にかけて広く繁殖していて一六もの亜種に分けられており、温帯で繁殖する亜種は南方に渡って越冬しています。日本には亜種アオバズク *N. s. japonica* が夏鳥として渡来して、種子島以北、北海道にかけてほぼ全国的に繁殖しているほかに、奄美諸島以南、琉球諸島にかけては別の亜種リュウキュウアオバズク *N. s. totogo* が留鳥として生息しています。

山地よりもむしろ人里近くに多く、営巣に適した樹洞がある大木が残っている社寺林や城、公園などで見かけることが多い。殊に森の都熊本市内ではおなじみの鳥で、五―七月の晴れた夜や明け方に市街地でもホーホー、ホーホーと二声連続の歯切れの良い軽快な鳴き声がよく聞かれ、初夏の訪れを感じたものです。少しくぼめた両手のひらを合わせて、両親指の隙間に息を吹き込んでやるとアオバズクの鳴き声にそっくりの音が出ます。それで上手に鳴き真似をすると、ホーホーと応答してくれ、それが楽しくて、子供の頃にはよく鳴き真似をして遊んだものです。五月下旬―六月下旬にかけて樹洞に純白のピンポン玉のような卵を二―五個産み、雌の抱卵中は雄が近くの枝で見張っていて、人が近づこうものなら猛然と攻撃して来ます。約二五日で孵化した雛は全身が白い綿羽で覆われていて、リリーン・リリーンとまるでスズムシのような声で鳴いて餌をねだります。親鳥は、ガやセミなどの大型昆虫のほか、スズメやツバメ、カワラヒワ、ムクドリなどの小鳥やコウモリ類なども運んで来ます。餌は日没を待っていましたとばかりに運んで来ますが、日没後二時間くらいと夜明け前の二時間くらいが多くて、真夜中にはほとんど運んで来ませんでした。

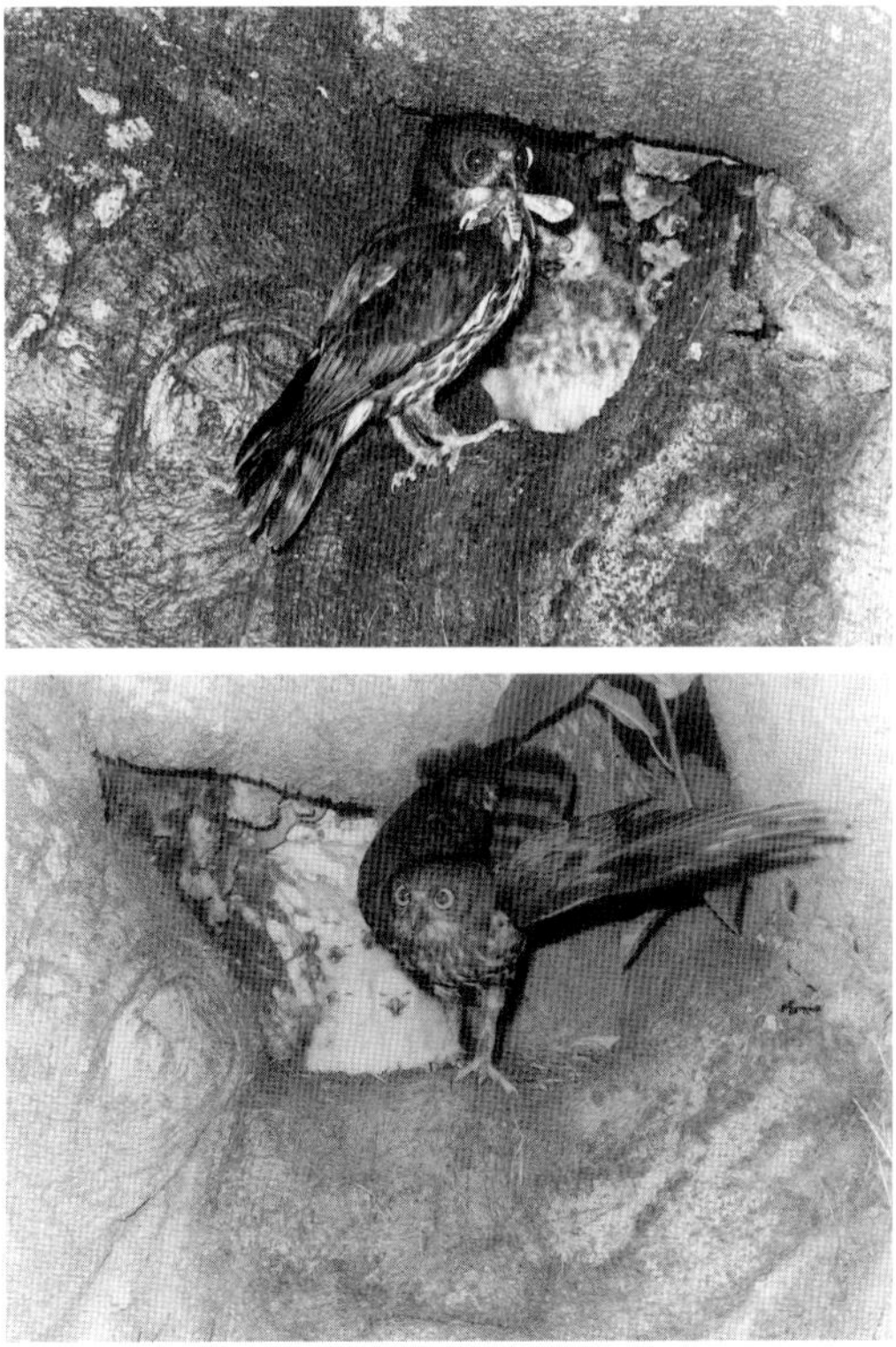

〈上〉シャチホコガをくわえたアオバズク
1977年7月12日　河内町尾跡で
〈下〉アオバズクの親子
1977年7月2日　河内町尾跡で

足環を付けた標識調査で、日本からフィリピンへの渡りがこれまで二例が知られています。また、熊本市内では千葉城町のＮＨＫ熊本放送局の敷地内で、昭和五十四年（一九七九）二月二日に一羽が見つかったこともあり、九州で越冬することもあるようです。

熊本県内では、広く一般に「ふくろう」と混同して呼ばれていますが、河内町では「よしとくどり」や「こっぽんどり」、県南部の球磨郡では「よしかぽっぽ」や「よすっぽ」などとも呼ばれていました。

▼オオコノハズク（大木葉木兎）*Otus lempiji* フクロウ科コノハズク属、全長二四―二六センチメートル、冬、少

俗に「みみずく」と呼ばれている耳のような羽角（飾り羽）を有するフクロウの仲間では最も普通に見られる中型のフクロウです。

「みみずく」は奈良時代から「つく（木菟・鵄鴞）」の名で知られており、平安時代になると「みみつく」と呼ばれ、江戸時代には「みみづく」とも呼ばれました。「つく」は羽角（飾り羽）が付いているの「付く」、あ

るいは突き出ているの「突く」で、後で具体的に耳が付け加えられて「みみつく」、更に「みみづく」になりました。

全身が褐色の地に灰白色や黒色などの細かくて複雑な虫くい斑があって、枯れ葉の間では迷彩色となっています。コノハズクより一回り大きく、眼の虹彩も橙黄色（コノハズクは黄色）で赤みがあること、後頸に不明瞭ながら灰白色の横斑があること、足の羽毛が趾まで生えていることなどによってコノハズクとは区別できます。

ユーラシア大陸東部の温帯から熱帯にかけて広く繁殖していて一六もの亜種に分けられています。日本では亜種オオコノハズク *O. l. semitorques* が、北海道、本州、四国、九州の平地から低山帯にかけての森林で繁殖しています。日本産の亜種の眼の虹彩は先述のように橙黄色ですが、ほかの亜種は黄色だとか。日本産のフクロウの仲間では個体数は最も多いと思われますが、あまり鳴かないので目立たず、殊に繁殖期の生態はよく分かっていません。鳴き声はウォッ、ウォッとだんだん低くなる淋しい声で、聞きようではポッポポッポッポッともポスカスポスカスとも聞きとれます。本州中部以南ではだいたい留鳥で、北日本で

オオコノハズク
1973年11月29日　河内町白浜で

オオコノハズク（タイの郵便切手）

は主に夏鳥で、山地で繁殖したものは冬季には低地に漂行するようで、市街地の公園などでも見られ、秋の移動時季には田畑や道路上などといった意外な場所で弱った状態で見つかることがあります。熊本県内では、広く一般に「みみずく」と呼ばれていますが、五木村では「ねこどり」とも呼んでいます。

〈木兎《ず》牽《くびき》〉

小鳥たちが、昼間に、行動が不自由なフクロウの仲間を見つけると、日頃の恨みをはらさんとばかりに集まって来て、なじるように鳴き騒ぎます。このように被捕食者が集団で捕食者（天敵）をなじり騒ぎ立てる行動を動物行動学ではモビング（Mobbing）と呼んでいて、相手に決定的な打撃を与えることは無いので「擬攻撃」と訳されています。このような行動は古代ギリシャ時代から知られていて、アリストテレスは二三〇〇年も前の『動物誌』の中で「昼間、フクロウの周りに小鳥が集まっていじめるので小鳥を捕る人はフクロウを使っていろんな小鳥を捕る」といったことを記しています。日本にもかつてフクロウの仲間を囮《おとり》にして小鳥をおびき寄せて捕る「木兎《ず》牽《くびき》」という古式猟法がありました。

▼トラフズク（虎斑木兎）*Asio otus* フクロウ科トラフズク属、全長三五―四〇センチメートル、冬、少

長い耳のような羽角（飾り羽）を有するハシボソガラス大の中型のフクロウで、全身が淡灰褐色の地に黒や白の細かい複雑な斑紋があって、羽毛の表面には絹のような光沢があります。眼の虹彩は橙色で、趾まで羽毛に覆われているなど、なんとなく虎が連想されます。ちなみに学名の属名 *Asio* はラテン語でミミズクの意で、種小名 *otus* もギリシャ語でミミズクという意味です。英名は Long-eard Owl（長い耳を有するフクロウ）です。学名、英名とも長く目立つ耳のように見える羽角（飾り羽）に注目していて、漢字表記も虎斑木兎で、

トラのような斑紋を有する木にすむウサギで、それぞれに特徴を捉えています。

北半球の温帯で広く繁殖していて、三亜種に分けられています。日本では基亜種のトラフズクが北海道と本州中部以北で繁殖しており、本州以南では冬鳥として見られます。カラス類やタカ類の古巣に営巣し、ときには地上に営巣することもあるとか。越冬中には、昼間は田畑に隣接した、人気があまりない針葉樹林に数羽が一緒に休んでいることが多く、夜間に主に野ネズミ類を捕食していますが、曇った日には昼間に活動することもあります。

トラフズク
（旧ソ連の郵便切手）

ヨタカ（夜鷹）*Caprimulgus indicus* ヨタカ科ヨタカ属、全長二九《センチメートル》、夏、少

夜行性で、翼と尾羽が長めのことから飛んだときのシルエットが小型のタカ類に似て見えることからその名が付いたのでしょうが、タカ類ではありません。ましてや江戸の夜に路傍で客引きする下等の売笑婦のことではありません。頭は扁平で、眼が大きく、嘴は短小だが幅広くて大きく開きます。褐色や黒、白などの複雑な虫くい状の枯れ葉模様は枝上や地上では目立ちにくい迷彩色となっています。宮沢賢治は、童話『よだかの星』の冒頭で、「よだかは、実にみにくい鳥です。顔は、ところどころ、みそをつけたようにまだらで、くちばしは、ひらたくて、耳までさけています。足は、まるでよぼよぼで、一間（約一・八《メートル》）とも歩けません。」と散々な紹介の仕方をしています。ほかの多くの鳥と異なり木の枝に平行に止まり、横に伸びた大きい枝上などにじっと止まっていると木のこぶや枝の一部にしか見えなくて紛らわしい。雌雄の外見（外部形態）は似ていますが、雄の外側尾羽の先端には白斑がありますが、雌にはありません。

平安時代からヨタカ（怪鴟）の名で知られていますが、鎌倉時代の『本草色葉集』には「蚊母鳥《ぶんもちょう》」の異名で出ていて、一回に蚊《か》を一、二升吐き出す、と記されており、江戸時代の『和漢三才図会』にも「吐蚊鳥《とぶんちょう》」の異名が記されています。なお、江戸時代には蚊を吐き出すだけでなく、逆に蚊を食べる意味の「蚊食鳥《かくいどり》」や「蚊吸鳥《かすいどり》」などとも呼ばれていました。実際には、大口を開いて飛び回り、まるでプランクトンネットでも引くようにして、蚊やガなどを吸い込んでいるようです。

　バイカル湖以東、アムール川流域以南のユーラシア大陸で広く繁殖していて、五亜種に分けられています。日本には亜種ヨタカ *C. i. jotaka* が夏鳥として渡来していて、北海道・本州・四国・九州で繁殖しています。繁殖期には夕方から夜明けまでキョッキョッキョッキョッ…と単調に刻むように長く鳴き続けています。その鳴き声から「なますきざみ」や「キュウリきざみ」などとも呼ばれています。山地の草原や疎林、伐採地などの地上に巣もなにも造らずに楕円形の白っぽい地に斑点がある卵を二個直接産み、一九日くらいの抱卵で孵化します。西山では北外輪山の内側斜面で繁殖が知られています。昭和四十八年（一九七三）八月七日に河内町須原の伐採地で雛二羽を抱くヨタカが見られ、昭和五十年（一九七五）五月十七日には河内町尾跡の蜜柑畑で卵二個を抱くヨタカが見られ、同年七月十五日には河内町須原で再び卵二個を抱くヨタカが見られています。雛は、これまで三例の観察ではどれも孵化後二、三日で見られなくなりました。なんでも近縁のヨーロッパヨタカ *C. europaeus* では卵を口にくわえて運んだり、雛を両足の間にはさんで運んだりするのが観察されているそうで、日本のヨタカも同様のことをするのでしょうか。今度機会があったら注意して観察しようと思っています。

ヨーロッパヨタカ
（旧ソ連の郵便切手）

キジの仲間（キジ目キジ科）

主に地上で生活していて、キジは草地や畑といった開けた場所に、ヤマドリは山地の森林に、コジュケイは竹藪にと大まかに棲み分けています。キジやコジュケイは放鳥されていることから身近でも見られます。

▼キジ（雉）*Phasianus colchicus* キジ属、全長六〇センチメートル（雌）―八〇センチメートル（雄）、年中、普

アジア中部に自然分布し、三三もの亜種に分けられていますが、雄の胸から腹にかけての羽色で、緑黒色のニホンキジグループと褐色のコウライキジグループの二つに大きく分けられます。ニホンキジグループは、その名のように本州・四国・九州だけに自然分布する日本固有亜種で、日本の国鳥（一九四七年選定）になっています。雄は、頭から胸、腹にかけての光沢がある緑黒色が特徴で、中国の古い歴史書『魏志倭人伝』には、日本には「黒雉《こくち》」がいると記されています。日頃、茶色っぽい別亜種のコウライキジ *P. c. karpowi* しか見ていない中国人にはよほど珍しく見えたのでしょう。雌は全体が褐色で黒っぽい斑紋がある地味な羽色で、まるで違っています。地上に営巣し、雌だけで抱卵、育雛しますので迷彩色になっていて好都合です。一方、雄の目立つ羽色も、抱卵中の雌にキツネなどの天敵が近づこうとする際などには囮《おとり》になって引きつけ遠ざけるのに都合がよいようです。

ニホンキジグループは雄の緑黒色部や眉斑が地域によって少し異なり、四亜種に分けられています。本州北部産の亜種キジ *P. c. robustipes*、本州中部と四国産の亜種トウカイキジ *P. c. tohkaidi*、本州南部と九州産の亜種キュウシュウキジ *P. c. versicolor*、本州の伊豆半島や三浦半島・紀伊半島、それに伊豆諸島・屋久島・種子島などに産するシマキジ *P. c. tanensis* です。キュウシュウキジ *P. c. versicolor* は、全体に緑色が強くて

紫色の光沢が乏しく、特に頭部から上背、上胸にかけてその傾向が強く、白い眉斑は欠くものが多い。

奈良時代からキジ（雉）や「きぎし」「きぎす」などの名で知られており、『万葉集』にはもっぱら「きぎし」の名で出ています。キジの語源は「きぎし」が約まったもので、「きぎ」は鳴き声とする説（『大言海』ほか）が有力視されています。

平地から低山帯にかけての草地や畑などの開けた場所に留鳥として生息していて、雄は春になると、目立つ場所で胸を張ってケッケーンと大きな声で鳴き、続けて翼を激しく羽ばたいてドドド…とほろ打ちをします。熊本県南部の相良村ではその雄の鳴き声からキジを「けんけん」とも呼んでいました。雄の大きい鳴き声は目立ち、「キジも鳴かずば撃たれまい」（口は禍いのもとの意）の諺もあり、古くから注目されてきたようです。なお、漢字の「雉」は矢偏に隹（とり）で、矢のように飛ぶという意味を含んでいます。

古くから食用にされていて、縄文時代の貝塚からはキジの骨が多数出土しています。また、中世の鳥料理での主役はキジで、鷹狩での最高の獲物とされ〝鷹の鳥〟とも呼ばれ、貴族の高級食材として重宝されていました。また一方では、桃太郎のお伽噺をはじめ、諺などにも多く登場し、一万円札（表・福沢諭吉）裏の絵柄などにもなって親しまれています。キジは国鳥ながら狩猟鳥にもされていて、養殖して各地に放鳥されていますのでちょっとした草地や畑など意外な場所でも見かけることがあります。

キジ
福沢諭吉 10,000 円札（裏）

〈国鳥キジの危機〉

明治時代になって銃猟が普及し、狩猟人口も増加して乱獲され激減しました。それで大正時代末頃から人工繁殖が容易な朝鮮半島原産の外来亜種コウライキジ *P. c. karpowi* が代りに狩猟用として全国各地に放鳥されました。九州では昭和四年（一九二九）に福岡県内に六羽が標識を付けて放鳥された記録が残っています。ところが日本在来亜種と容易に交雑し、皮肉にも雛の育ちが悪くなりました。それで昭和七年（一九三二）以降は日本在来亜種が放鳥されるようになりましたが、これまた亜種への配慮が不十分だったために交雑による遺伝子が攪乱され、多くの地域で日本在来の純系の亜種は絶滅の危機にあるのではないかと憂慮されているのです。私が住んでいる熊本県内では昭和三十四年（一九五九）に遠く離れた岩手県の滝沢鳥獣試験地で養殖された一〇〇羽が放鳥されています。生物多様性の保全上からも由々しい問題で、一日も早い実態の把握と日本在来の純系の亜種を守る対策が急がれます。

亜種コウライキジ（雄）
（北朝鮮の郵便切手）

▼ヤマドリ（鸐雉）*Syrmaticus soemmerringi* キジ科ヤマドリ属、全長五五《センチメートル》（雌）―一二五《センチメートル》（雄）、年中、少

全身が赤銅色で、雄の尾羽はキジよりも長い。ちなみに学名の属名 *Syrmaticus* は（尾羽を）引き摺るものという意味です。『万葉集』巻十一に「足ひきの山鳥の尾のしだり尾の長長し夜を独りかも寝む」とあるようにヤマドリ雄の長い尾羽は長いことの代名詞のようにされていて、特に長い第一尾羽は引尾とも呼ばれ、邪鬼を射る矢羽に用いられました。本州・四国・九州だけに分布する日本固有種で、地域によって羽色に濃淡

があり、五亜種に分けられています。そのうち九州には、中部以北に基亜種アカヤマドリが、南部に亜種コシジロヤマドリ *P. s. ijimae* の二つの亜種が生息しています。両亜種の分布の境界はおよそ熊本県と宮崎県境にある国見岳（一七三九メートル）と八代を結ぶ線あたりで、次第に推移していて境界付近では混生しています。西山に生息しているのは基亜種のアカヤマドリで、全体が濃い赤褐色で、尾羽は五亜種中最長で八五センチメートルにもなり、横帯は九―一四節あります。

ちなみに亜種コシジロヤマドリ *P. s. ijimae* の雄は、その名のように腰の羽毛が白く見事で世界的な名鳥とされ、かつては日本鳥学会誌『鳥』の表紙画にもなっていました。腰の白色部は個体変異が大きく、概して南へ行くほど白色部は広く顕著になる傾向があり、熊本県内では球磨川を境に北と南ではかなり明確な差が認められます。

奈良時代からヤマドリ（山鳥・山鶏）の名で知られていて、江戸時代に漢名の「鸐雉《たくち》」の漢字が充てられるようになりました。古くから和歌に詠まれ、画に書かれてきていて、京都妙心寺天球院の障屏画「梅に山鳥画」は重要文化財に指定されています。また、秋田、群馬、宮崎県の県鳥に指定されています。キジが主に草原にすむのに対し、その名が示すように山地の、渓流に面したシダが密生する広葉樹林に好んで生息し、草本の種実や昆虫、ミミズなどを食べています。西山では三ノ岳や金峰山などに少数が生息しています。

ヤマドリの近縁種には、台湾にミカドキジ（帝雉）*S. mikado*、中国の中部から北部にかけての山地にオナガキジ（尾長雉）*S. reevesii* と南東部の山地にカラヤマドリ（唐山鳥）*S. ellioti*、ビルマ北部と雲南南西部の山地にビルマカラヤマドリ（緬甸唐山鳥）*S. humiae* などがいます。これらの鳥はいずれも太古に一つの祖先から分化し、日本には新第三紀

ヤマドリ

中新世（約二五〇〇万年前）頃にやって来て、その後の地殻変動による地理的隔離によって独自に進化して、この狭い日本で五つもの亜種に分化したわけで、生物進化及び動物地理学の上からも注目されています。

▼コジュケイ（小綬鶏）*Bambusicola thoracicus* キジ科コジュケイ属、全長二七センチメートル、年中、普

ウズラをキジバトくらいに大きくして尾羽を長めにした感じです。全体が褐色で、背や脇には黒褐色の大きい斑点があり、胸と眉斑の青灰色が目立っています。ちなみに学名の種小名 *thoracicus* は胸に特徴があるという意味で、中国名は灰胸竹鶏です。小綬鶏の「綬」は勲章や褒章を吊す組み紐のことで、いずれも胸の青灰色によっています。

中国南部原産で、日本には最初は飼鳥として江戸時代に移入され、野生での繁殖は東京麻布の鷹司邸から逃げ出した二番による明治四十二年（一九〇九）が最初とされています。その後は狩猟用として、大正七年（一九一八）に愛知県岡崎市の田中一男氏が一〇〇羽余を購入して同市付近に放鳥したとかで、翌大正八年（一九一九）には東京青山の岩崎俊弥氏が上海から八〇羽を購入して翌春に邸内に放鳥するとともに新たに六〇羽を購入して神奈川県三浦郡武小町の別邸にも放鳥されたとか、その後、日本各地で放鳥されました。私が住んでいる熊本県内では大正十四、五年（一九二五、六）頃から放鳥され、西山では昭和三十八年（一九六三）に熊本県猟友会によって金峰山に五二羽が放鳥されています。

竹林を好んですみ、いつも茂みの地上で生活しているので姿を見ることは少ないが、鳴き声が大きくて特徴があるので、鳴き声で存在を知ることが多い。その特徴ある雄の鳴き声からチョットコイと呼んでいる地域が多い。雌はジュッとしか鳴かず、雄の鳴き声の合間に上手にはさんでデュエットをしています。ちなみに学名の属名 *Bambusicola* は竹林にすむという意味で、英名Chinese Bamboo Partridgeも竹林を好むことによっています。

河内町在住時には、竹林のほか蜜柑畑や茶畑などでの営巣が農作業中に見つかり、連絡を受けたものです。繁殖力が旺盛で、一腹卵数（クラッチサイズ）は七―八個で、抱卵は雌だけがし、一七―一九日で孵化します。雛は早成性で孵化直後から歩けます。年に二回繁殖し、ときには一回目と二回目の大小の雛を連れ歩く親子連れを見ることもあり、鳥には珍しい繁殖習性です。

コジュケイが狩猟鳥に指定されたのは大正十五年（一九二六）で、熊本県の狩猟統計にコジュケイが初めて登場したのは昭和二十二年（一九四七）ですが、一五二二二羽は当時九州第一位の羽数でした。「キジも鳴かずば撃たれまい」の諺もありますが、コジュケイもなにもハンターに「チョットコイ（ちょっと来い）」と呼びかけているわけではないのですが、悲しい性です。

コジュケイ
1987年1月15日　熊本市動植物園で

〈鳥獣供養之碑〉

人が生きるのに食べるため、あるいは農作物を鳥獣の食害から守るためなどどんな理由があろうとも野生鳥獣を捕殺することには罪悪感があり心が痛みます。仏教が大衆化して殺生は最大の罪であるとの思想が浸透するとなおさらで、イノシシやシカなどの大きい動物を千頭も捕殺するのは我が娘一人を殺すのと同等の罪深いことであると認識されました。成熟した狩猟文化を有するとされるアイヌ社会ではイヨマンテ（熊祭）のように野生鳥獣に対する手厚い葬送の儀礼が深く根付いています。

戦乱の時代が終わって平穏な江戸時代になると、猟師たちは、鳥獣を捕殺した罪を消除しようと、捕殺した鳥獣たちの成仏を念願して霊を弔い供養するために塚を築いたり、碑を建立するようになりました。このような塚や碑は九州に多いといわれ、最古のものとしては佐賀県佐賀市三瀬村の杉神社境内に慶長十九年（一六一四）に山本軍助が造ったものが知られています。

鳥獣供養之碑
2013年2月9日　城山の山上で

西山では南外輪山の一部である城山（四七メートル）の山頂近くに、昭和五十二年（一九七七）に熊本市西部猟友会によって建立された鳥獣供養之碑があります。熊本県内ではほかにも野生鳥獣が多くて、狩猟が盛んな阿蘇や人吉・球磨地方から知られています。かつて野生鳥獣の狩猟が盛んだった時代の里人と野生鳥獣との関係を刻んだ貴重な民俗的物証となっています。

カッコウの仲間（カッコウ目カッコウ科カッコウ属）

翼や尾羽が長めで、背面は青灰色をしており、カッコウやホトトギス、ツツドリでは腹面に黒い横縞があり、嘴も少し下方に湾曲ぎみで、ちょっと小型のタカやハヤブサの仲間に似て見えます。ただ、尾羽は楔形で、趾は前後二本で向き合った対趾足であるなど違っています。

三種の外見は、大きさのほかは酷似しています。ちなみに中国ではカッコウは大杜鵑、ツツドリは中杜鵑、ホトトギスは小杜鵑とも呼んでいるとか。しかし、鳴き声はそれぞれに特徴があり、しかも昼夜を分かたずによく鳴きますので、百見は一聞に如かず⁉です。鳴いている姿を見ることは少ないが、三種とも口内は鮮やかな赤色をしています。

カッコウの仲間は日本ではどれも夏鳥で、どれもほかの鳥に托卵して繁殖しています。西山ではホトトギスが夏季中見られるほか、カッコウやツツドリも春と秋の渡りの時季に一時的に見られます。ほかの鳥が敬遠している毛虫や毒を有する昆虫の幼虫などもむしろ好んで食べることから、桜の名所では比較的よく見られます。春の渡来の時季には鳴き声が聞かれますが、秋の渡去の際にはほとんど鳴きませんので、いても目立ちません。

▼カッコウ（郭公）*Cuculus canorus*　全長三五センチメートル、春・秋、普

キジバト大で、翼と尾羽が長く、背面は青灰色で、胸から腹にかけては白地に黒い横縞があり、しかも眼の虹彩も黄色いので、ちょっと小型のタカのようです。雌は喉が褐色を帯びていますが、野外では目立ちません。幼鳥は全体に褐色みを帯びていて、後頭部の白斑が目立ちます。

古くには近縁のホトトギスと混同されていたようですが、奈良時代から「かほどり」とか「よぶこどり」と呼ばれていた鳥の多くはカッコウとみられています。鎌倉時代になると「くわっこう（郭公）」と呼んでホトトギスと明確に区別されるようになりました。江戸時代初めに出た『日葡辞書』にはカッコウ、「かんこどり」「かんぽどり」などの呼び名があり、また、「あはまきどり」（伯耆）、「まめまきどり」（東国）、「まめうえどり」（甲斐）、「むぎうらし」（讃岐）など農作に関係した方言も多数生まれました。

カッコウの名は、鳴き声に由来していて、これは洋の東西を問わないようです。漢名（中国名）の郭公《カッコウ》、英名のCuckoo《クコー》、仏名のCoucou《クーク》、独名のKuckuck《クークック》、蘭名のKoekoek《クークークー》、それに学名の属名*Cuculus*《ククルス》などいずれも鳴き声によっています。この鳥の鳴き声は単純ながらよほど人の心を捉えるものらしいのです。ちなみに学名

の種小名 *canorus* は音楽的という意味です。余談になりますが、鳩時計《はと》の時を告げる音もカッコウの鳴き声にしか聞こえず、また、横断歩道の信号音もカッコウの鳴き声そっくりで、カッコウの鳴き声は日常生活の中にも無意識のうちに入り込んで慣れ親しんでいるようです。ただカッコウと鳴くのは雄でして、雌はピッピッピッと鋭い声で鳴くだけです。

ユーラシア・アフリカ両大陸に広く分布していて九亜種に分けられています。日本では亜種カッコウ *C. c. telephonus* が夏鳥として渡来していて、北海道・本州・四国・九州の草原で繁殖しています。繁殖しているといっても特定の相手と番《つがい》関係をもつわけでもなく乱婚で、しかも自ら巣を造り卵を温めるわけでもなく、雌はほかの鳥の巣に卵をこっそり産み込んで托卵し、温め育ててもらっています。托卵する相手の鳥（寄托鳥）には、モズやオオヨシキリなど世界では一二五種以上が知られていて、日本でも約二〇種が知られています。それら寄托鳥の巣にほぼ二日おきに主に午後に托卵しているとか。九州では阿蘇で繁殖が確認されており、セッカへの珍しい托卵が知られています。カッコウが抱卵することは古代ギリシャ時代から知られていて、アリストテレスは二三〇〇年も前の『動物誌』の第七章「カッコウとその産卵習性」で、カッコウは巣を造らずに、自分より小さいいろいろな鳥（モリバトほか）の巣の中に、その鳥の卵を食べてからたいてい一卵を産み込む、と記しています。

春の渡りの時季には市街地でも鳴き声が聞かれることがあり、桜の名所での確率が高いようです。

〈托卵〉

鳥類の行動の多くは本能によって支配されいて、親鳥は、卵は大きいのを好み、個数は増すことには無頓着のようで、雛の口内は赤色が鮮やかなほど給餌意欲が刺激されるようです。こういった親鳥の習性を悪用⁉して、ほかの鳥の巣にこっそり卵を産み込んで温めてもらい、雛を育ててもらうずるい⁉繁殖戦略を「托卵」と呼んでいます。日本では托卵する鳥としてはカッコウやホトトギス・ツツドリ・ジュウイチといったカッコウ科の鳥が古くから知られています。どれも親鳥の背面は青灰色で、翼や尾羽が長めで、腹面には黒い横縞があって小型のタカやハヤブサの仲間に似ていて、托卵の際に相手の鳥（寄托鳥）を脅かす効果がありそうです。

カッコウの雛(左)を育てるセッカ(右)
1972年8月3日　阿蘇で

托卵性の鳥は、カッコウ科の鳥のほかにも南北アメリカ両大陸に分布しているコウウチョウ類（ムクドリモドキ科）やアフリカ大陸のテンニンチョウ類とカッコウハタオリ（ハタオリドリ科）、南アメリカ大陸の熱帯に分布しているズグロガモ（カモ科）など五科約八〇種が知られていて、これは現生鳥類全体の約一パーセントに当たり、旧世界に広く見られます。

托卵性の鳥に共通してみられるのは、卵は体の割には小さくて卵殻が厚く、卵色は変化に富み多型で、卵細胞は大きくて孵化までの日数が著しく短く、雛の口内は鮮やかな赤色をしているということです。余談になりますが、徳富蘆花の小説『不如帰《ほととぎす》』は、海軍少尉川島武男の出征と、結核に犯された愛妻浪子との悲恋物語ですが、ホトトギスの口内が赤いことから主人公・浪子は「鳴いて血を吐くホトトギス」にたとえられています。抱卵は必ず自分より体が小さい鳥にされ、その際には托卵相手の鳥（寄托鳥）の卵を一個呑み込んでおくなど周到です。

カッコウやホトトギスの雛は孵化したときには丸裸で、背の凹みに寄托鳥の卵や雛を乗せて巣外に放り出して巣を独占します。

托卵という奇妙な繁殖戦略はどのようにして生まれたのでしょうか。そのことについてダーウィンは『種の起源』の中で、何か特別な事情で偶然に他種の巣に卵を産み込んだのがきっかけだろうと記しています。鳥の一腹卵数（クラッチサイズ）は食物量と関係していることが知られており、餌となる昆虫などが大発生したような年には一腹卵数（クラッチサイズ）が増し、同種や他種の巣にも産卵することが起きるというのです。北アメリカ大陸のインディアナ州南部では昆虫が異常発生した年には通常は非托卵性のキバシカッコウのハシグロカッコウへの托卵が増すそうで、こういった特殊条件下での特殊な行動が、その種の存続に有利であれば、その生態は強化されて個体群内に定着して広がっていくだろうとダーウィンは考えたのです。つまり、キバシカッコウの事例は托卵の起源を示してくれているのではないかということです。

カッコウ科鳥類の卵色と寄托鳥

托卵鳥	卵色	寄托鳥
カッコウ	灰白色又は青灰白色の地に線状細斑	モズ・オオヨシキリ・ホオジロ・アオジ・キセキレイ・コヨシキリ・セッカ
ホトトギス	褐色	ウグイス・ミソサザイ・センダイムシクイ・イイジマムシクイ・アオジ・ベニマシコ・シマセンニュウ・ウチヤマセンニュウ・クロツグミ
ツツドリ	白色又は淡褐色の地に細斑が密在	センダイムシクイ・メボソムシクイ・ウグイス・サンコウチョウ・ビンズイ・メジロ・キビタキ・オオルリ・ノジコ・アオジ・モズ
ジュウイチ	淡青色無斑又は有斑	コルリ・オオルリ・キビタキ・ルリビタキ

▼ホトトギス（杜鵑）*Cuculus poliocephalus*　全長二八センチメートル、夏、普

英名のLittle Cuckooが示しているようにカッコウを一回りヒヨドリ大に縮小した感じですが、腹面の黒い横縞は幅広で粗く、雌には全体が褐色の赤色型がいます。鳴き声はカッコウとは全く違い、第四音節にアクセントを付けてキョッキョッキョキョキョと鳴き、「東京特許許可局《とうきょうとっきょきょかきょく》」とか「天辺禿《てっぺんは》げたか」「本尊懸《ほんぞんか》けたか」などいろいろに聞き做されていますが、実はホトトギスの名は終わりの鳴き方に由来しているのです。『万葉集』巻十八の「暁《あかつき》に　名告《の》り鳴くなる　ほととぎす　いやめづらしく　思ほゆるかも」の和歌から自分の名をホトトギスと名乗って鳴いていることが分かります。

また、『万葉集』巻九の高橋蟲麿の長歌「うぐひすの　生卵《かひこ》の中《なか》に　ほととぎす　ひとり生れて　己《な》が父に　似ては鳴かず　己《な》が母に　似ては鳴かず…」から、奈良時代からホトトギスの名で知られているばかりでなく、ウグイスに托卵することも知られていたことが分かります。『万葉集』での漢字表記は霍公鳥となっていますが、これはカッコウとすべきです。鎌倉時代からは漢名（中国名）の杜鵑の漢字が充てられ、現在も用いられています。時代は前後しますが、平安時代には時鳥、室町時代には子規、江戸時代には不如帰などの漢字も充てられました。実は不如帰は中国での鳴き声の聞き做しで、それが思帰を経て子規になったのです。鳴き声は歌人の詩興をそそるようで、特に万葉歌人の間での人気は高かったようで、四五〇〇余首中でホトトギスを詠んだものは鳥では最多の一五六首もあります。歌人たちはホトトギスの初音を人より先に聞くのを誉れとして鳴く時季が近づくと今や遅しと待ちかねて野山を尋ね歩きました。

一方、農民もホトトギスの初音には関心を持っていました。それは田植えの開始時季を知るためで、それでホトトギスを早苗鳥や田歌鳥、あるいは死出の田長や勧農鳥などとも呼んでいました。（詳細は後述）。武人の関心も高かったようですが当然個人差もありました。随筆『甲子夜話』五三に「時鳥《ほととぎす》を贈りて参せし人

あれども鳴かざりければ、鳴かぬなら殺してしまへ時鳥、織田右府　鳴かずとも鳴かして見せう時鳥、豊太閤　鳴かぬなら鳴くまで待よ時鳥、大権現様」とあり、三大武将、織田信長、豊臣秀吉、徳川家康のホトトギスへの関心の度合いから、それぞれの性格の違いもよく表れているようです。ただ、これらはすべて雄の鳴き声でして、雌はピピピ…と単調に鋭い声で鳴くだけです。

ヒマラヤ西部から日本にかけてのアジア南東部に分布していて、三亜種に分けられています。日本には基亜種のホトトギスが夏鳥として渡来しています。私が住んでいる熊本市内で初音が聞かれるのは毎年愛鳥週間中のたいてい夜です。北海道・本州・四国・九州で繁殖していますが、先述のようにウグイスやそのほかの鳥に托卵して雛を育ててもらっています。托卵する相手の鳥（寄托鳥）としてはウグイスのほかにもミソサザイ・センダイムシクイ・イイジマムシクイ・アオジ・ベニマシコ・シマセンニュウ・ウチヤマセンニュウ・クロツグミなどが知られています。卵には褐色型と白色型があって、日本など繁殖地東部では褐色型、西部では白色型で、中央部では褐・白の両型が混在しているとか。

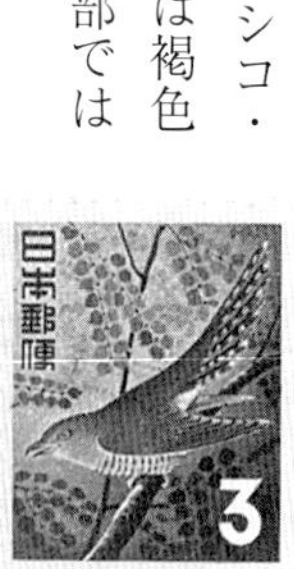

ホトトギス

〈民話「弟を偲び鳴くホトトギス」〉

切々と昼夜を分かたず鳴く甲高い鳴き声から「鳴いて血を吐くホトトギス」などといわれ、悲話も生まれています。

阿蘇の山里にその昔、盲目の姉と心優しい姉思いの弟が住んでいて、弟は毎日山芋を掘って来ては美味しい部分を姉に食べさせ、自分はビワクビ（筋部分）だけを食べていたそうです。それなのに盲目の姉は、弟はもっとおいしい部分を食べているに違いないと勝手に邪推して弟を憎んで殺してしまったそうですが、死んだ弟の腹を裂いてみるとなんと筋の部分ばかりが出てきました。姉は大い反省し嘆き悲しんでいるうちにとうとうホトトギスになってしまったそうです。それで毎年端午の節句に食べる山芋掘りの頃になると優しかった弟のことを思い出して「たんたん竹女《たけじょ》、弟《おとと》が恋《こい》し」と鳴いて亡くなった弟を探しまわるのだそうです。

なお、熊本県南部の球磨では、長患《ながわずら》いの兄と心優しい兄思いの弟の山芋を介した話になっていて、後悔した兄がホトトギスになって「弟《おとと》けさ坊《ぼう》、弟けさ坊」と弟の名を呼んで探しまわるということになっています。これらと同様の悲話は全国各地にあるようです。

中国にもまた似たような悲話があります。三国志の蜀《しょく》の国（四川省）を開いた望帝は罪を犯して弟に帝位を譲ることになりましたが、返りざきを切望しながら果せずに亡くなりました。そしてその魂はホトトギスになり、恨みを込めて昼夜を分かたず鳴き続けるようになったとのことです。それでホトトギスを蜀魂や望帝とも呼んでいるとか。

同じくホトトギスに化身した兄でも、日本人には反省の心がありますが、中国人には無いようで対照的です。

▼ツツドリ（筒鳥）*Cuculus optatus*　全長三三センチメートル、春・秋、普

カッコウとよく似ていますが、少し小さくて、腹面の黒い横縞が幅広くて粗く、眼の虹彩も黒っぽくて違っています。雌の赤色型のものは一見チョウゲンボウ（ハヤブサ科）に似て見え、カッコウやホトトギスよりも出現の確率が高いようです。

平安時代からツツドリの名で知られており、「ふふとり」や「ほほとり」とも呼ばれました。なお、奈良時

代から「よぶことり」と呼ばれている鳥もカッコウやツツドリではないかとみられています。雄は、繁殖期にポポ、ポポ、ポポ…と竹筒の切り口を手で叩くような声で鳴きます。ツツドリの名は雄のその鳴き声によっていて、『大言海』は、鳴き声を「つつ」と聞き做したことによるとしており、『飼籠鳥』は「ぽんぽん鳥」と呼ぶように竹筒を打つように鳴くからツツドリ（筒鳥）、としています。ちなみにアイヌ語名の tutut も鳴き声によっており、中国では鳴き声をフフ…と聞いて布穀《フコク》と呼んでいます。ただ、これらは雄の鳴き声でして、雌はピッピピッピッと鋭い声で鳴きます。日本最古の漢和辞典『倭名類聚鈔』に布穀鳥の和名は「ふふとり」とあり、ツツドリのことでしょう。そして、布穀鳥は穀物の種子を蒔く時期を知らせてくれる鳥とされています。なお、江戸時代には「たねまきどり」とも呼ばれ、「なはしろとり」（播磨）、「むぎうらし」（土佐）などの方言もありました。

アジアの中・東部に分布していて、三亜種に分けられています。日本には亜種ツツドリ *C. s. horsfieldi* が夏鳥として渡来していて、北海道・本州・四国・九州の山地の森林で繁殖しています。繁殖といってもカッコウやホトトギス同様に托卵性で、寄托鳥にはセンダイムシクイ・メボソムシクイ・ウグイス・サンコウチョウ・ビンズイ・メジロ・キビタキ・オオルリ・ノジコ・アオジ・モズなどが知られています。本州では主にセンダイムシクイに白っぽい卵を托卵していますが、北海道中部のホトトギスがいない地域では不思議なことに、主にウグイスの巣に赤っぽい卵を托卵していることが知られています。

秋の渡りの時季には市街地でも桜の木が多い公園や城内などには毛虫（ガの幼虫）を食べにやって来ます。西山では春の渡りの時季には鳴き声が聞かれ、秋にも見られます。

〈カッコウの仲間は勧農鳥〉

ツツドリが鳴いたら粟を蒔け、カッコウが鳴いたら豆を蒔け、ホトトギスが鳴いたら田植えせよ──このようなカッコウの仲間の初音と農事に関する言い伝えは全国各地にあります。

視覚の動物ともいわれる鳥類の生理は、太陽の年周運動と関係が深くて、春に日照時間が長くなって光の積算量がある値に達するとホルモンのはたらきで渡りの衝動にかられるとみられています。日本ではカッコウの仲間はどれも夏鳥で、大体、ツツドリが四月中・下旬、ジュウイチが五月上旬、カッコウが五月中旬、ホトトギスが五月中・下旬に渡来しており、その順序はきちんと決まっています。しかも不思議なことに南北に長い日本列島でも初音が聞かれる時期の地域差が小さく・その上にほかの夏鳥と違って年による変化も少ないということです。カッコウの仲間は、外見（外部形態）はどれもよく似ていますが、鳴き声はそれぞれに特徴があって誰の耳でも判別でき百見は一聞に如かず!?です。それで、月日と季節が年によって大きくずれる太陰暦の時代には、カッコウ仲間の初音は季節の指標（バロメーター）として、また農事暦とし優れていたのです。

いくばくの　田をつくればか　ほととぎす　死出の田長を　あさなあさな呼ぶ

『古今和歌集』にあるこの和歌からホトトギスの鳴き声は「死出《しで》の田長《たおさ》」と聞き做されていたようです。昼夜を分かたず甲高い大きな声で切々と鋭く鳴くホトトギスはご先祖の霊の生まれ変わりで、冥途では農夫頭をされていて、田植えの時季になると死出の山を越えて私たちの農作業を励ましにやって来られるのだと信じられていたのです。それでホトトギスを死出の田長とか田長鳥《たおさどり》、あるいは冥途鳥《めいどのとり》などとも呼んでいました。

昨今では農作業が機械化されて速くなり、従来のカッコウの仲間の初音による農事暦とのずれが生じています。なお、農事とは直接関係はありませんが、「カッコウが鳴くと晴、ホトトギスが鳴くと雨」の諺は、カッコウは初夏の晴天、ホトトギスは梅雨の雨天と結び付いているようで現在でも生きています。

キツツキ類（キツツキ目キツツキ科）

先が錐状に尖った真っ直ぐで強固な嘴と、先端部が角質化して多数の鉤がある長い舌を有して、木の中奥深くに巣くっているカミキリムシやアリなどの幼虫や蛹、卵などを木に穴を空けて釣り出して食べています。趾は前後二本ずつの向き合った対趾足で、尾羽は羽軸が固くて先が尖っており、体を木の幹に垂直に支えて止まるのに都合よくなっています。キツツキ類は、森林を代表する鳥で、コゲラとアオゲラが留鳥として生息しているほかにアリスイが冬鳥として渡来しています。

キツツキ類は、古くには「てらつつき」と呼ばれていました。なんでも推古天皇の時代（五九三年）に聖徳太子が四天王寺を建立されると、太子と蘇我馬子に滅ぼされた物部守屋の霊が鳥になって四天王寺を襲い、柱などを突いて損壊させたそうで、その鳥のことを「てらつつき（寺突き）」と呼ぶようになったとのことです。室町時代になると「けらつつき」とも呼ばれるようになりました。『大言海』は、てらは取《とら》にて虫を取らむの意で、けらはてらが変化したもの、としています。江戸時代になると「きつつき」と呼ぶようになり、同時にアカゲラ、あをげら（アオゲラ）、コゲラ、くろげら（クマゲラ）、ありすひ（アリスイ）と現在のように種類分けして呼ぶようになりました。

▼コゲラ（小啄木鳥）*Dendrocopos kizuki* アカゲラ属、全長一五センチメートル、年中、普

スズメくらいの大きさしかない日本産最小のキツツキで、背面は黒褐色の地に白の横縞があって、まるでラグビーのシャツを着ているようです。ほかの多くのキツツキ類と違って雌が少し大きく、雄は後頭の両側に赤い小斑がありますが、野外ではほとんど目立ちません。

江戸時代中期からコゲラの名で知られており、「きねずみ」や「きばしり」とも呼ばれていました。コゲラの「コ」は小で、「ゲラ」はキツツキの古名「けらつつき」の「けら」が濁ったもので「小さいキツツキ」の意です。

アジア東部の狭い地域にしか分布していませんが地理的変異が大きくて一一―一三亜種に分けられています。日本には九亜種もが生息しており、九州産の基亜種キュウシュウコゲラは小振りで、白斑が細かくて全体に黒っぽい。学名の種小名 *kizuki* は最初の採集地である大分県の杵築に因んでいます。

キツツキ類の中では最も普通に見られ、平地の公園や校庭などの木にも営巣しています。五月上旬から六月中旬頃までに枯れた木の幹や大きい枝に、入口が牛乳ビンの蓋くらいの大きさの巣穴を嘴で穿って営巣します。卵は純白で、五―七個産み、雌雄交替で抱卵しますが、夜間はほかの多くの鳥と異なり雄がするとか。巣穴は冬季の塒にも利用され、雌雄はそれぞれに塒にする巣穴を持っています。カラ類やエナガ、メジロなどと一緒に群れて行動し、ギィーギィーと木が軋《きし》るような声で鳴き、ときにキッキキッと鋭い声も発します。毎夕散策している裏手にある花岡山（一三三メートル）では昭和四十八年（一九七三）四月四日に山頂近くのハゼノキに営巣しているのを確認して以降、毎年繁殖が見られ、近年は冬季になると自宅の庭にも時々やって来ていて増加傾向にあるようです。

▼アオゲラ（緑啄木鳥）*Picus awokera*　アオゲラ属、全長二九センチメートル、年中、普

ヒヨドリくらいの大きさがあり、背面は暗黄緑色で、腹面には白と黒の横縞模様があります。雄の頭上は

全体に赤く、雌は後頭部だけが赤くしています。

江戸時代中期から「あをけら」「あをけらきつつき」の名で知られていて、「やまきつつき（山啄木）」とも呼ばれていました。アオゲラの「アオ」は背面の色によっており、「ゲラ」はキツツキの古名「けらつつき」の「けら」が濁ったもので「あおいきつつき」の意です。ちなみに学名の種小名も*awokera*《アオケラ》で、英名もGreen Woodpecker（緑色のキツツキ）で、いずれも背面の色に注目しています。

日本固有種で、本州・四国・九州・及び種子島・屋久島に分布していて、三亜種に分けられています。本州産の基亜種アオゲラ、九州・四国産の亜種カゴシマアオゲラ *P. a. horii*、種子島と屋久島産の亜種タネアオゲラ *P. a. takatsukasae* です。九州、四国産の亜種カゴシマアオゲラは、本州産の基亜種アオゲラより少し小振りで、全体に羽色が濃く（特に胸）て黒っぽく、背面はオリーブ色を帯び、腹面は緑色に富み、脇と尾羽裏側の黒斑も大きくて濃くなっています。

キツツキ類の中では食性や行動が多様で、アリ類を好んで地上にも下ります。ハゼやヤマウルシ、アケビなどの実も食べ、木の枝に普通の鳥のような姿勢でもよく止まります。鋭い声でキョッ、キョッと鳴き、飛びながらケレケレケレ…ともよく鳴き、また繁殖期には縄張（テリトリー）を宣言して薄暗い早朝からピョー、ピョーと口笛のようなよく透る声でよく鳴きます。五―六月頃、生木の幹や大きい枝に嘴で巣穴を穿って営巣します。西山では金峰山や三ノ岳などには昔からいて繁殖していますが、平成二年八月二十五日にはそれよりずっと低い花岡山（一三二メートル）でも見られ、それ以来すみついています。
▼アリスイ（蟻吸）*Jynx torquilla* アリスイ属、全長一八センチメートル、冬、少
褐色と灰色に黒を複雑に交じえた地味な羽色で、枯れた木の上や落ち葉の上では迷彩色となっており、頭上から背にかけての黒っぽい幅広の背中線は印象的です。尾羽は先が尖ることなく円っこくて、木に止まる

ときも普通の鳥のように枝に直角向きに止まることが多い。アリを好み、アリやその卵、蛹などを長い舌で吸うというより舐《な》め捕ることから、江戸時代中期から「ありすひ（蟻吸）」の名で知られています。

ユーラシア大陸と北アメリカ大陸北部に広く分布していて、五〜七亜種に分けられています。日本では亜種アリスイ *J. t. japonica* が北海道と本州北部で繁殖しています。キツツキ類にしては珍しく渡りをし、冬季には本州中部以南の地に渡るものが多いようです。林縁や疎林、あるいは葦原などに単独で越冬していて、地上にもよく下ります。動きは緩慢で、ときに頸をくねらせ、ミミズのような長い舌をヒョロヒョロと出したり、唐突にクィクィクィとかキィキィキィとちょっとモズに似た声で鳴いたりと、なんとなく爬虫類的な雰囲気を醸しています。ちなみに学名の種小名 *torquila* はラテン語で（頸を）小さくねじけるという意味です。アリストテレスの『動物誌』には、ヘビのように長く伸びては縮まる特異な舌を有し、胴体は動かさずに頸だけ後に廻すことができると記されています。なお、学名の属名 *Jynx*《イュンクス》は鳴き声によっていますが、ジンクス（縁起が悪いこと）の語源になっていて、不吉な鳥との印象がもたれているようです。

アリスイ
（モンゴルの郵便切手）

ブッポウソウ（仏法僧）*Eurystoms orientalis* ブッポウソウ目ブッポウソウ科ブッポウソウ属、全長三〇センチメートル、春、少

キジバトくらいの大きさで、体は光沢がある青緑色で頭は黒く、嘴と足は赤くて、なんともトロピカルな感じです。頭は扁平で、嘴は幅広くて先端が少し鉤形に曲がっています。ちなみに学名の属名 *Eurystoms*

は「広い口をした」という意味です。初列風切の基部は青白色で飛ぶと大きな白斑となって目立ちます。

わが国はみのりの道のひろければ鳥もとなふる仏法僧かな

これは『夫木和歌抄』にある和歌で、鎌倉時代からブッポウソウ（仏法僧）の名で知られていて、その名は鳴き声の聞き做しによっていました。江戸時代にはその名が発展して「ねんぶつどり（念仏鳥）」や「さんぽうてう（三宝鳥・三法鳥）」などとも呼ばれました。しかし、実際にはゲッ、ゲッとしか鳴かずブッポウソウ（仏法僧）と聞き做されていた鳴き声の主はフクロウの仲間のコノハズクであることが昭和十一年（一九三六）に明らかになりました。

アジアの中南部からオーストラリア大陸にかけて広く分布していて約一〇亜種に分けられています。日本には亜種ブッポウソウ *E. o. calonyx* が夏鳥として本州・四国・九州に渡来しています。繁殖地は局地的で、山梨県の身延町や長野県の三岳、岐阜県の洲原神社、宮崎県の狭野神社などの繁殖地はいずれも国の天然記念物に指定（一九三四～一九三七年）されています。九州中央山地ではまれではなく、大木の樹洞やキツツキ類の古巣穴のほかヤマセミの古巣穴に営巣（五木村）したこともあり、巣箱もよく利用します。卵は純白で、三―五個産み、雌だけが抱卵して二二、三日間で孵化します。育雛は雌雄協同でし約二〇日で巣立ちます。

春の渡りの時季（五月中旬―六月上旬）には市街地でも大木がある公園や社寺、あるいは

ブッポウソウ
2013年6月4日　内大臣峡で

“仏法僧《ぶっぽうそう》”と鳴くコノハズク

高い煙突がある場所などでも見られます。高い枯れ枝などを見張り場として、セミやコガネムシなどを見つけると飛び立って空中でくわえ捕り、元の枝に舞い戻るといったことを繰り返しています。飛翔は巧みで、しなやかな翼の動きで反転や急降下などを軽快にし、ときどきゲッ、ゲッとよく透る声で鳴きます。熊本県内の繁殖地では「ちょうせんがらす（朝鮮烏）」や「いわつばめ」（内大臣）、「じょうかかどり」（泉町樅木）、「ほしがらす」「あみあーがらす」「からす」（五木村）などとも呼んでいます。秋は九月上旬には渡去し、鳥取県で繁殖したものがカリマンタン島（ボルネオ島）北部に渡ったことが知られています。

ヤツガシラ（戴勝）*Upupa epops* サイチョウ目ヤツガシラ科ヤツガシラ属、全長二八センチメートル、春、希

全体が淡褐色の、ムクドリとキジバトの中間大の鳥で、頭には扇形に開く特徴的な冠羽があり、翼と尾羽の白黒の幅広い縞模様は静止時も飛んだ時にもよく目立っています。

江戸時代前期からヤツガシラ（八頭、八首鳥）の名で知られていています。その名は冠羽の数（二〇枚）が多いことによるようです。ちなみに漢名は「戴勝《タイショウ》（勝《かざり》を戴くの意）」で、日本での漢字表記にも用いられています。

ユーラシア大陸の中部以南とアフリカ大陸で広く繁殖していて、九～一〇亜種に分けられています。日本には亜種ヤツガシラ *U. e. saturata* が主に旅鳥として春（三、四月）に少数が渡来しています。普通は単独ですが、昭和五十七年（一九八二）六月に長野県南佐久郡臼田町の農家の屋根裏で繁殖が確認され、その後、岩手県でも繁殖が知られていています。抱卵は雌がし、雄は抱卵中の雌に餌を運んで来るそうで、育雛は雌雄協同でするそうです。韓国での観察では雛への給餌約五〇回の全てがケラだったそうです。繁殖期にはよく透る

声でポープ、ポープとか、フープ、フープと鳴くそうで、英名Hoopoeはこの鳴き声によっています。畑や運動場などの開けた場所を好み、地上を大股で活発に歩き回りながら昆虫やクモ、ミミズなどの小動物を捕食しています。冠羽をときどき扇形にパラッパラッと開いたり、幅広の翼をゆっくり羽ばたいてフワフワした感じで飛んだり、木に止まったりしています。

ヤツガシラ
（ポーランドの郵便切手）

レンジャク類（スズメ目レンジャク科レンジャク属）

ずんぐりした体形ですが、ブドウ色をしたなめらかな羽毛にカヌーをかぶったような後方に尖った独特の冠羽を有していて、しかもあまり人怖じせずに群れで行動していますので人目に止まり易い条件がそろっています。

レンジャク科の鳥は三種いて、日本にはそのうちヒレンジャクとキレンジャクの二種が冬鳥として渡来しています。渡りは不規則で、季節的というより、繁殖地での主食にしている木の実の豊作の翌年に大移動が起こりやすいとのことで、年によってはほとんど渡来しないこともあります。渡去前の春には市街地にもやって来て、エノキに寄生しているヤドリギの粘液質に富んだ実を好んで食べていて、その種子散布に一役買っています。

平安時代から「れんじゃく（連雀）」の名で知られていて、「からすずみ」や「ほやどり」などとも呼ばれていました。「れんじゃく（連雀）」はよく群れることによっており、「からすずみ」は唐雀で中国風の小鳥ということでしょう。「ほやどり」の「ほや」はヤドリギのことで、ほかの鳥がほとんど食べない「ほや（ヤドリギ）」の実を好んで食べることによっていて、現在でも九州中央山地の泉町五家荘ではそう呼んでいます。江戸時代中期からヒレンジャク（緋連雀）とキレンジャク（黄連雀）に区別して呼ばれるようになりました。これは尾羽先端部の色によっています。ちなみに漢名（中国名）は「十二紅」と「十二黄」で、「十二」は尾羽の枚数で、紅と黄は尾羽先端部の色によっています。

▼ヒレンジャク（緋連雀）*Bombycilla japonica*　全長一七センチメートル、冬、普

緋（赤）色のレンジャクの意ですが、尾羽の先端部だけでなく、下尾筒や大雨覆の先端部も赤く、初列風切の先端にも赤斑があります。

ヒレンジャク
2003年3月10日　松尾町で

極東のアムール川流域で繁殖していて、日本には冬鳥として渡来していますが、西日本に多く、一月下旬から五月上旬まで見られます。学名の種小名が*japonica*となっているのはシーボルトが日本で採集したものによって学会に発表されたことによっています。ヤドリギ（ホヤ）の実のほか、クロガネモチの赤い実や柿、リンゴ、トマトなども食べ、庭の給餌台にもやって来ます。細い声でチリチリチリと鳴き、ヒーヒーと高い声も発します。

▼キレンジャク（黄連雀）*Bombycilla garrulus*　全長二〇センチメートル、冬、少

ヒレンジャクより少し大きく、尾羽の先端部のほか、初列風切の外弁先端も黄色く、次列風切の先端には赤い蠟状物が付いています。英名Waxwingはこの蠟状物によっています。

ユーラシア・北アメリカ両大陸の北部で広く繁殖していて、日本には冬鳥

キレンジャク
（カンボジア王国の郵便切手）

として渡来しており、東日本に多く、九州ではヒレンジャクの群れに混じって少数が見られます。細い声でチリチリチリと鳴きます。ちなみに学名の小種名 *garrulus* はペチャクチャ喋るの意です。

ヒヨドリ（鵯）*Hypsipetes amaurotis* スズメ目ヒヨドリ科ヒヨドリ属、全長二八センチメートル、年中、普

全体に黒っぽい、嘴や体、尾羽ともに長めで、足は短かめで、頭の灰色と耳羽の栗褐色だけがわずかに目立っている地味な羽色の鳥です。ちなみに中国名は栗耳短脚鵯で、英名は Brown-eared Bulbul で共に耳羽の栗褐色に注目した名となっています。なお、学名の種小名 *amaurotis* は暗色の意です。

平安時代から「ひえどり（鵯）」の名で知られていて、室町時代からヒヨドリ（鵯）と呼ばれるようになりました。即ち、「ひえどり（鵯）」がヒヨドリに転じたのです。『大言海』は、ヒエ（稗）を食うことはなく、日本最古の漢和辞典『倭名類聚鈔』に鵯の音は「ヒ」とあることから鳴き声の太くて甲高いピーッ、ピーッとかヒーヨ、ヒーヨによっていると考えるのが穏当で、「ひえどり」が鳴き声に近いヒヨドリに転じたのでしょう、と説明しています。

ヒヨドリの仲間（科）は南方系森林性で、ヒヨドリが最も北方まで分布していて、日本が分布の北限になっており、台湾やフィリピン北部など、ユーラシア大陸東方の島々に分布しています。北方のものは体が大きくて灰色がかり、南方のものは体が小さくて褐色がかっていて、嘴の大きさや上嘴の湾曲度なども違っていて一四もの亜種に分けられています。そのうち日本には北海道から南部琉球にかけて八亜種が生息してます。北方や山地で繁殖したものは冬季には南方の暖地に渡り、十月上旬に群れで渡るのが昼間に見られ、俳句ではヒヨドリは秋の季語にされています。私が住んでいる熊本県内では昭和三十年（一九五五）代までは秋から

冬にかけて見られる冬鳥でして、関東以南の地の大部分が同様だったようです。ところが、昭和四十三年（一九六八）に熊本県南部の球磨郡相良村の新層谷《にそだに》（約一五〇メートル地点）で繁殖が初めて確認され、その後、西山でも昭和四十七年（一九七二）に河内町尾跡の蜜柑畑（約一二〇メートル地点）で繁殖が確認されました。なんでも東京都内でも昭和四十三年（一九六八）に初めて繁殖が確認されたそうで、従来は越冬地とみられていた地での新たな繁殖はどうも全国的な傾向のようです。

ヒヨドリは雑食性ですが甘い物を好み、柿や蜜柑をはじめとするいろんな果実のほか梅や桜、椿などの花蜜も食し、種子や花粉の散布に役立っています。しかし、西山の蜜柑畑では食害が問題になっています。繁殖期には昆虫やクモなどの動物食が多くなり、長めの尾羽を上手に使って身をこなし空中でセミや円網の中央部にいるクモなどを巧みにくわえ捕っています。隣家の庭木に営巣したヒヨドリはニイニイゼミやアブラゼミ、ツクツクボウシなどのセミ類を雛に多く与えていて、自宅の庭ではカナヘビを捕食するのも見ましたし、桜の花が咲く頃にはスズメを激しく追いかけているのもよく見かけます。春の渡去期（二月下旬～三月中旬）には、主に西日本で大群でのキャベツやレタスなどの食害が話題になることもあります。葉は果実や花蜜に比べて栄養価が低く、飛ぶのに大量のエネルギーを要する鳥にとっては効率よい食物とは言えませんが、このように幅広い食性がヒヨドリのたくましさで、越冬地での留鳥化を可能にした主要因であることは間違いないでしょう。

雌が抱卵して約二週間で孵化し、雛は約一〇日で巣立ち

ヒヨドリの育雛
1980年8月26日　熊本市西区春日の自宅庭で

ますが、夜間は巣立ちの前日まで抱雛しているという子煩悩です。

モズの仲間 （スズメ目モズ科モズ属）

小鳥ながらワシやタカのように先が鉤形に曲がった鋭くて丈夫な嘴を有し、足も摑む力が強くて、昆虫のほかカエルやトカゲ、小鳥や小型の野ネズミなどまで捕食しています。江戸時代以前にはタカ類にされていたこともあり、生物分類法を考案したリンネでさえモズの仲間（モズ属）をタカ目に含めていたほどで〝小鳥の猛禽〟といった感じです。ちなみに学名のモズ属 *Lanius* は屠殺者の意です。頭部は大きく、尾羽は長めで、翼は丸みを帯びて短めですが飛翔力があります。

明るい林縁にすんで、枯れ枝や棒杭、電線などの見晴らしの良い高みに止まって地上の獲物を探し、飛び下りて嘴で捕ります。獲物はすぐ呑み込むほか、、木の枝先や刺に串刺し（鵙《もず》の速贄《はやにえ》）にするという変わった習性があります。

西山では、モズが竹藪やノイバラの茂みの中などで繁殖しているほか、秋の渡りの時季にはアカモズも見られます

▼モズ（鵙）*Lanius bucephalus*　全長二〇センチメートル、年中、普

澄みきった秋空高く鵙が鳴く

台風一過の高く澄んだ青空にモズの甲高いキィーキィキィキィ…という鋭い鳴き声が響きわたると、つい子供の頃に祖母が「モズが鳴くと台風はもう来ない」とよく言っていたことを思い出し、季節の確かな移ろいを感じます。色づきかけた柿の木の梢でモズが鳴く光景は秋の里山でのおなじみの風物詩です。

モズが高鳴きするのは、食物が乏しくなる冬に備えて縄張（テリトリー）を確保しておくためで、雄だけでなく雌もします。それで秋には縄張（テリトリー）確保をめぐって争い、追いかけっこなどもよく見られます。ほかの多くの鳥が、繁殖に備えて春から初夏にかけてもっぱら雄が採餌場所や営巣場所を確保し、雌を呼び込むために鳴くのとは違って、秋に雄も雌も一羽ずつそれぞれ縄張（テリトリー）を確保するために高鳴きするモズは鳥の中では変わりものといえそうです。

　モズは、高鳴きのほかに、ほかの鳥や昆虫、動物などの鳴きまねをよくします。モズを漢字で百舌鳥とも表記（中国でも百舌）しているように、メジロやウグイス、オオヨシキリなど二四種もの鳥のほか、セミやネコなどの鳴きまねをすることが知られています。獲物をおびき寄せるためとか、それとは逆に自分の縄張（テリトリー）にモズ以外の鳥や動物なども入れないようにするためだとかいわれていますが、鳴きまねには近くにはいない鳥や動物の鳴き声が含まれていることがあることから、そのどちらでもなさそうです。鳥類では一般に雄の鳴き声は複雑なほど雌に好まれ、繁殖行動を促すことが知られていますので、モズの雄の鳴きまねも鳴きを複雑にするためとみられます。なお、モズの漢字表記には鵙、百舌鳥のほかにも毛受や伯労などが平安時代からあります。

　肉食で、頭部は大きく、上嘴はハヤブサのように鉤形に曲がり両縁には小突起があって肉を引き裂いたり、

巣に止まるモズの雌（左）と 雄（右）
1973年4月1日　河内町白浜で

モズ（雄）

獲物の頸の骨を折ったりするのに都合がよいつくりになっています。足や翼の力も強くて自分とあまり変わらない大きさのスズメや野ネズミ類などを足で摑んで飛ぶこともできます。また、気性が猛々しく、自分より数倍大きいヒバカリ（ヘビの一種）を捕殺して速贄《はやにえ》にしたり、ツグミやキジバトを追いかけているのを見ることもあります。

鎌倉幕府の日記『吾妻鏡』に、信州の桜井五郎という者が飼い馴らしたモズを使って幕府の庭で第三代将軍源実朝にスズメを三羽捕ってみせたとあります。また、『鳥居家譜』によると、鷹狩好きでも知られる徳川家康は駿河での人質時代の十歳の頃から桜井五郎よろしくモズをタカのように据えて遊んでいたということですから、栴檀は双葉より芳しです。江戸時代最大の図説百科事典『和漢三才図会』には「爪は利《するど》くてつねに小鳥を摯《と》って食べる。人はこれを飼育し、鷹の代用にして遊猟する」とあり、鷹狩ならぬ〝鵙狩《もずかり》〟です。

▼アカモズ（赤鵙）*Lanius cristatus*　全長二〇センチメートル、秋、少

背面に赤みが強くて、江戸時代中期からアカモズの名で知られています。ちなみに中国名は紅尾伯労で尾羽の赤みに注目した名になっています。モズよりいくぶん細身で、腹面は白く、嘴に続く黒い幅広の過眼線がアクセントをつけ、清楚ですっきりした感じです。雌雄の外見（外部形態）は似ていますが、雄は額の白色部の幅が広くて初列風切の白斑も長めで、尾羽も長めです。雌には脇に褐色の鱗状斑があるものがいます。

アジア東部で繁殖していて、四亜種に分けられています。日本には亜種アカモズ *L. c. superciliosus* が夏鳥として渡来し、北海道と本州中部以北で主に繁殖していて、それ以南の地でも主に秋の渡りの時季に平地の草地などで見られるほか、背面に赤みが無くて灰色の亜種シマアカモズ *L. c. lucionensis* もまれに見られます。この亜種は、主に中国北東部や朝鮮半島などで繁殖していて、日本では琉球諸島で渡りの時季には以前から時たま見られていましたが、昭和四十五年（一九七〇）に鹿児島県内で初めて繁殖が確認され、翌年（一九七

一）には隣の熊本県内でも繁殖が確認されました。モズや亜種アカモズなどと異なり、市街地の公園や庭などの高木の高い枝上に営巣しています。

鵙の速贄

縄張（テリトリー）が定まって高鳴きや争いが目立たなくたった頃、カラタチやノイバラなどの棘に串刺しにされたり、小枝の間に挟まれたりして干からびたバッタやコオロギ、カエルやカナヘビ、ときにはジネズミや小鳥などを見かけることがあります。これはモズの仕業で〝鵙《もず》の速贄《はやにえ》〟と呼ばれています。速贄とはむろん神様に供える初物の献上品のことです。

モズは、獲物をなぜ速贄にするのでしょうか。まず考えられるのは食物が乏しくなる冬に備えての保存食ではないかということです。実際に速贄を食べているのが観察されています。なんでもアメリカオオモズ *L. ludovicianus* はラバーグラスポッパーという大きな有毒のバッタを捕ると速贄にして後日に食べるそうで、それは死んで一、二日すると毒が分解して無毒になるからだとか。しかし、冬季には南方に去ってしまう夏鳥のアカモズやチゴモズも速贄を作りますので冬の保存食だけでは説明できません。

次に考えられるのは縄張（テリトリー）を誇示するためではないかということです。しかし、速贄は食べられますので逆に侵入者を招き入れることにもなりかねません。ただ、イスラエルのオオモズ *L. excubitor* は繁殖期に雄が速贄を多く作るそうで、雌に狩りの上手さや餌の豊富さを示す（アピール）効果があり、速贄を多く作った雄

鵙の速贄にされたカエル
1968年12月22日　相良村実で

ほど早く番《つがい》になれ多くの雛を育てているとか。

　もしかしたら大きい獲物を解体するのに固定したのではないかとも考えられますが、一口で呑み込めそうな小さい獲物まで速贄にされているのはどう説明したらよいでしょうか。

　モズを飼育しての観察によると、速贄を作る行動は孵化後一か月目くらいから見られ、季節には関係なく一年を通して行われ、特に満腹のときや獲物がまずいと思われるとき、あるいは食べにくいときなどに作る傾向があったそうです。速贄を作る理由はまだはっきりしていませんが、大きい獲物は棘に刺したり小枝に挟んで固定したほうが食べ易いでしょうし、速贄が食物が不足したときの非常食として役立っているのも事実で、モズが生きていくうえでの重要な習性であることだけは確かでしょう。

サンショウクイ（山椒喰）*Pericrocotus divaricatus* スズメ目サンショウクイ科サンショウクイ属　全長二〇センチメートル、夏・冬、普

　背面は灰色で腹面は白く、細めの体に尾羽は長めのちょっとハクセキレイに似た清楚な感じです。雄は頭部が黒くて額の白色部が広くて、嘴は先が少し鉤形に曲がっていてモズの仲間と混同されそうです。

　江戸時代中期から「さんせうくひ」の名で知られており、「やませきれい」や「みやませきれい」などとも呼ばれていました。昆虫食なのに山椒《さんしょう》喰とは怪訝に思われそうですが、『古事記』の神武天皇の条に、山椒の実を食べて口ひひく、とあるように「山椒は小粒でもヒリリと辛い」で、鳴き声がヒリリヒリリと山椒でも食べたように聞こえることによっています。

　日本には最も北方に分布している基亜種のサンショウクイが夏鳥として本州以南に三月下旬頃に渡来し、

繁殖しています。巣は高い樹枝上に雌雄協同で造られ、体の割には小さくて外側にはウメノキゴケが張り付けられていますので木のこぶのようで紛らわしくて分かりにくくなっています。抱卵は雌がし、雄は雌に餌を運んで来ます。昭和四十九年（一九七四）四月二十七日に花岡山（一三三メートル）の山頂近くのクヌギ林で、地上約七メートルの樹枝上に巣造りしているのに気づきました。その後、抱卵しているようでしたが、五月二十二日の雨で巣が落ちてしまって残念ながら繁殖は失敗に終わってしまいました。渡去前の八月頃には数十羽もの群れも見られます。

なお、奄美諸島と琉球諸島には、全体に黒っぽくて胸も煤けたように黒く、額の白色部も小さくてやや小振りの別の亜種リュウキュウサンショウクイ *P. d. tegimae* が留鳥として生息していますが、熊本県南部の球磨郡五木村の元井谷では平成十六年五月二十八日に巣立ち後間もない幼鳥連れも見られています。冬季には平地にも漂行し、西山では平成十六年九月二十二日に花岡山（一三三メートル）で一羽見られて以降、毎冬見られています。近年、分布を拡大しているようで、二〇〇〇年代になると四国や中国地方、関西などでも見られるようになったとか。一方、基亜種のサンショウクイは一九八〇年代から全国的な減少が憂慮されています。

亜種リュウキュウサンショウクイ
2013年10月12日　花岡山で

メジロ（目白・繡眼児）*Zosterops japonicus* スズメ目メジロ科メジロ属　全長一二センチメートル、年中、普

眼の周囲が白くてその名があり、英名も White-eye（目白）です。背面は暗黄緑色の「うぐいす餅」の色を

していることからウグイスと混同されていることがよくあります。喉は黄色くて胸から腹にかけては汚白色で、脇は淡褐色で目立っています。

室町時代からメジロ（目白）の名で知られており、江戸時代に「繍眼児」の漢字も充てられました。その理由を「大和本草」では眼の周囲の白色部には白い絹糸のような羽毛が刺繍《ししゅう》をしたように生えているからと説明しています。

南方系森林性で、日本が繁殖分布の北限になっていて、朝鮮半島や台湾、フィリピン・中国南部にかけて繁殖分布しています。地理的変異によって七亜種に分けられていますが、なかには特徴や繁殖分布域がはっきりしていないものもあります。

九州以北、北海道にかけては基亜種のメジロが留鳥ないし漂鳥として生息しており、特に西南日本の常緑広葉樹林に多くいます。河内町では蜜柑の木によく営巣しています。甘い物が好きで秋には甘い実もなる蜜柑畑は格好のすみかになっているようです。巣は苔で椀形に造られており、水平に伸びた枝の二股部にクモの糸でハンモック状に吊り下げるように取り付けられています。巣造りから抱卵、育雛まで雌雄協同でします。一腹卵数（クラッチサイズ）は三—五個で、約一一日で孵化し、約一〇日で巣立ちます。

昆虫とその幼虫、クモなどの小動物や、カラスザンショウ、ムラサキシキブ、トベラなどの種子のほか、甘い物を好み、秋には熟した柿の実や蜜柑を、冬には椿、春には梅や桜などの花蜜をよく食べに集まっています。非繁殖期には群れ、冬季には市街地の公園や庭などにもよくやって来て、蜜柑を枝先などに刺したり給餌台に置いておくとよく食べます。一つの枝に二、三羽が寄り添って止まる〝メジロ押し〟の微笑ましい光景が見られたりもします。

メジロ

美しくて愛らしく鳴き声も良いことから古くから飼鳥として賞玩されており、ハワイやニュージーランドでは移入されたものが分布を拡大しているとか。

ウグイスの仲間とキクイタダキ（スズメ目）

最新の分類では、ウグイス科、ムシクイ科、キクイタダキ科と細分されていますが、かつてこれらの鳥はウグイス亜科としてまとめられていました。ウグイス科とムシクイ科の鳥はどれもスズメくらいの大きさで、鳴き声はそれぞれに特徴がありますが、外見（外部形態）はどれもよく似ていて区別が困難です。それで本書では野外で区別する便宜上から旧分類に準じて大きくウグイスの仲間（旧、ウグイス亜科）として捉え、それぞれの特性を比べながらみていくことにします。

▼ウグイス（鶯）*Cettia diphone*　ウグイス科ウグイス属、全長一四―一六センチメートル、年中、普

雌雄とも淡緑褐色で、淡い眉斑があり、雄の体が大きい。

奈良時代から「うぐひす（鶯）」の名で知られていて『万葉集』には四十八首が詠まれています。その四分の一は「梅に鶯」を詠んだもので、「竹に鶯」を詠んだものが一首あります。「梅に鶯」は今日まで和歌に詠まれ、絵に描かれたりしていますが、ウグイスが梅の木に特によく止まるということはありません。早春にいち早く咲く美しい梅の花と早春から美声で鳴き始めるウグイスを春を待ち侘びる気持から単に結び付けたのでしょう。ただ、ウグイスと竹とは関係が深くて、主に竹藪に生息しています。ウグイスの語源を「東雅」では、う（藪）に巣食《すく》ふ鳥の意としているほどです。

心から　花の雫に　濡《そぼ》ちつつ　うぐひすとのみ　鳥の鳴くらん　藤原敏行

『古今和歌集』のこの和歌では「うぐひす」と自分の名を名乗って鳴いています。要するに鳴き声を「ウー

グヒス」と聞いてウグヒスと名付けたようです。ウグイスの鳴き声を「法《ホー》、法華経《ホケキョ》」と聞き倣すようになったのはずっと後の江戸時代以降のことです。

むめの花　見にこそ来つれ　鶯の　ひとくひとくと　厭《いと》ひしもをる　詠人知らず

また、『古今和歌集』にあるこの和歌では、俗に「谷渡り」といわれている警戒して鳴くケキョケキョを「人来人来《ヒトクヒトク》（人が来る）」にかけて聞き倣しています。ちなみに歌の意味は、「私はただ梅の花を見に来ただけなのにウグイスは〝人が来る、人が来る〟と嫌がっているのはどうしてでしょうか」といったところでしょうか。

ところでウグイスの漢字はもっぱら「鶯」と奈良時代から表記されてきていますが、実はこの漢字は中国ではコウライウグイス（コウライウグイス科）のことなのです。それでというわけでもないでしょうが、日本独自の漢字表記としては平安時代から春鳥子、江戸時代には報春鳥も用いられるようになりました。

アジア北東部に分布していて七～一二亜種に分けられており、日本にはそのうちの五亜種が生息しています。北海道から九州にかけて分布している亜種ウグイス *C. d. cantans* は低山帯から亜高山帯にかけての主に竹藪に生息しています。いつも茂みの中にいて姿を見ることは少ないが「法《ホー》、法華経《ホケキョ》」の鳴き声で気づくことが多い。古来、日本三鳴鳥の一つにされていて、「法・法華経」とはっきり鳴くものは経文の無尽意菩薩に因んで「むじどり」とも呼ばれています。ホーで吸って、ケキョで吐いています。この「法・法華経」の鳴きは縄張（テリトリー）を宣言する囀りで、冬季にはチャッチャッと舌打ちするようにしか鳴かず、これは笹鳴きと呼ばれています。その年最初の囀りは初音と呼ばれ、私が住んでいる熊本県内では、早い南部の球磨地方で二月上旬、そのほかの地域でも三月になると聞かれます。

巣は、竹藪に造られ、笹の枯れ葉でできた横に入口がある球形で、褐色の卵を四―六個産みます。約一六日で孵化し、二週間で巣立ちますが、巣造りから抱卵、育雛まで全部を雌だけでします。孵化後約一週間は昼夜ともほとんど一日中抱雛し、夜間は巣立ちまで抱雛します。その間、雄はもっぱら縄張（テリトリー）を宣言して鳴いていて、雛の世話は雌任せで手伝うことはありません。雄は遅くまで鳴いていて、夏まで鳴いているものは文学では「老鶯」と呼んでいます。繁殖は一夫多妻制ではないかとみられていますがまだはっきりしていません。なお、ウグイスがホトトギスの寄托鳥になっていることは奈良時代から知られていて『万葉集』にはそのことを詠んだ和歌が二首あります。

ウグイス

〈ウグイスの鳴きを操作〉

ウグイスは鳴きが良いので古くから飼育されています。なんでも神功皇后の時代に大和の国の三笠山の麓に国栖《くず》の翁というウグイス飼いの名人がいて、月日星の鳴き方を教え込んでいたとか。ウグイスにサンコウチョウ（三光鳥）の鳴き真似をさせようとでも思ったのでしょうか。訓練の詳細は分かっていませんが、その成果が良かったものを建内宿禰《たけうちのすくね》に贈ったところ大変喜び、そのウグイスを皇子明宮（後の応神天皇）に献上したとのことで、これが日本でのウグイス飼育についての最古の事例とされています。

ウグイスの飼育はその後も盛んに行われ、江戸時代の寛永年間には将軍家にウグイス飼育係（お鳥掛り）も設けられて、越前屋彦次郎といちはや文吉の二人が任命されました。ウグイスの飼育は将軍家のほかでも広く行われ、ウグイス好きの上野の東叡山の門主は、地元のウグイスの鳴きが良くないので尾形乾山に京都から鳴きの良いウグイスを取り寄せてもらって放したところ、地元のウグイスが鳴きを習い覚えてだんだん良くなったとか。元禄の頃のことで、ついにはウグイスの名所になり、鶯谷の地名も付いたとか。

ウグイスに限らず、鳥の鳴き方は学習による部分が多いのです。明治から大正時代にかけてはウグイスの鳴き合わせ会なども催されていて、鳴きを良くするために鳴きが良いウグイスのそばに雛を置いて聞かせて学習させる付子《つけこ》という方法が普及しました。要するにウグイスの鳴きを学ぶ塾や学校といったもので、三段階から成っています。最初の第一段階の「地付け」は春に巣立ったばかりの幼鳥に癖の無い簡易平明高朗な鳴き方（太口という）を初夏の五、六月頃に約一か月間聞かせることで、言わば初等教育です。第二段階の「土用付け」は少し複雑な技術的に変化のある鳴き方を盛夏の七、八月頃に聞かせることで、言わば中等教育です。最終の第三段階の「仕上付け」は飼い主が理想とするウグイスの鳴きを冬季の十二月から一月に聞かせて学習させることで、言わば専門教育です。一羽での三段階全てのお手本になるようなことはなかなかありませんので、飼主はそれぞれの段階での師匠となるウグイスを探してまわらなければならず、理想の鳴きをするウグイスに育て上げるには大変な手間ひまと費用を要したのです。但し、現在はウグイスの愛玩飼育は法律で禁止られていますので要注意を。

▼ヤブサメ（藪鮫）*Urosphena squameiceps*　ウグイス科ヤブサメ属、全長一一センチメートル、夏、普

日本産鳥類の中で最も小さい鳥の一つで、背面は黄褐色で腹面は白っぽく、尾羽が短いのと白い眉斑が目立っています。なお尾羽は短いだけでなく一〇枚（小鳥の多くは一二枚）と少なくなっています。

江戸時代中期から「しほさざい」「しまさざい」「このはかへし」「このはとり」などの名で知られています。「しほさざい」や「しまさざい」の名は小型で尾羽が短くてミソサザイに似ているからで、「しほ」は「ミソ（味噌）」に対しての塩で、「しま」はシマフクロウなどと同様に少し違ったものに冠する接頭語でしょう。ま

た「このはかへし」や「このはとり」の名は地表付近にいて落ち葉に似て見えることによっているのでしょう。

アジア極東部の狭い地域で繁殖していて、日本には夏鳥として渡来し、屋久島から北海道にかけて全国的に繁殖しています。西日本に多いようで、沢沿いの湿り気の多い森林や藪の地表付近にいて姿を見ることは少ないが、シシシシシ…と甲高く細い独特の鳴き声で気づかされることが多い。その鳴き声は虫の鳴き声とも藪を打つ雨音にも聞こえ、初めて耳にする人にはとても鳥の鳴き声とは思えないようです。この昼間のシシシシ…の鳴き声は単調ながら囀りでして、夜間に渡る際にはチッチッチッ…と別の鳴き方をします。昼間でも姿はなかなか見られないのに夜間だとなおさらで、九州中央山地の五木村では、この夜間の鳴き声の主を〝幽霊鳥《ゆうれいどり》〟と呼んでいました。

巣は、倒木の根の下や崖のくぼみなどにコケで椀形に造られ、白地に鈍端付近に赤褐色斑がある卵を五―七個産みます。巣造り、抱卵とも雌だけでし一三日で孵化。育雛は雄もして約一〇日で巣立ちます。なお、育雛には親鳥の外に餌運びを手伝うヘルパーがいることが知られています。

▼センダイムシクイ（仙台虫喰）*Phylloscopus coronatus*　ムシクイ科ムシクイ属、全長一三センチメートル、春・秋、普

ムシクイ類はどれも外見（外部形態）がよく似ていて区別が困難ですが、黄白色の頭央線と眉斑が目立ち要点になっています。

江戸時代中期から「せんだいむしくひ」の名で知られていて、「うぐひすむしくひ」とも呼ばれていました。せんだいむしくひの「せんだい」は囀りのチョチョビーに「千代千代」の漢字が充てられ、それが「せんだい」と読まれ、更に「仙台」の漢字に変更されてしまったのです。ちなみに現在ではもっぱら「焼酎一杯グ

巣に帰って来たセンダイムシクイ
1969年6月15日　球磨郡山江村大平で

イー」と聞き做されています。なお、「むしくひ」は虫喰の意です。学名の属名 *Phylloscopus* はギリシャ語で「木の葉の番人」という意味で、木の葉を調べるようにして餌となる昆虫などを探している採餌法によっています。一方、「うぐひすむしくひ」はウグイスに外見（外部形態）や動きが似ていることによっています。

アフガニスタンからヒマラヤにかけてと、アムールから朝鮮半島、日本にかけて離れて繁殖分布していて二つの亜種に分けられています。日本には基亜種のセンダイムシクイが夏鳥として渡来していて、九州以北、北海道にかけての低山帯の落葉広葉樹林の、切り株の蘖《ひこばえ》の間などに枯れた葉や細根などで横に入口がある球形の巣を造り、白色無斑の卵を二―六個産みます。約一三日で孵化し、約二週間で巣立ちます。九州での繁殖はあまり知られておらず、昭和四十四年（一九六九）に熊本県南部の球磨郡山江村で卵が入った巣が見つかっているくらいです。

春の渡来の時季には囀りがよく聞かれ、秋の渡去の時季にはよくカラ類に混じって行動しているのが見られます。

▼メボソムシクイ（目細虫喰）*Phylloscopus xanthodryas*　ムシクイ科ムシクイ属、全長一三センチメートル、春・秋、普

背面は緑褐色で、腹面は淡緑黄色。黄白色の眉斑が目立っています。中雨覆の先端に灰白色斑が三～四個ありますが、野外では目立ちません。

江戸時代中期から「めぼそむしくひ」の名で知られており、「やまうぐひす」や「やなぎめじろ」などとも呼ばれました。「メボソ」には目細の漢字が充てられていますが、眼が特に細いといった感じではなくて語源は不明です。「やまうぐひす」は一見ウグイスに似ていてウグイスよりも高地で繁殖するからでしょうか。ただ、ウグイスより小さくて尾も短めです。「やなぎめじろ」は緑色がかっていて一見メジロに似ている黄白色の眉斑があって柳の葉に見立てたのでしょうか。

ユーラシア大陸の温帯から亜寒帯にかけて広く繁殖しており、日本には夏鳥として渡来し、亜高山帯の針葉樹林で繁殖しています。本州と四国、それに九州では大分県で繁殖が知られています。熊本県内でも九州中央山地では夏季も見られますが、繁殖は未確認です。

春や秋の渡りの時季には市街地の公園などでも見られ、茂みの中を活発に動きながら昆虫やクモなどを捕食していて、低い声でリュッリュッと鳴いています。春の渡りの時季にはジュリジュリジュリとかチョリチョリチョリチョリと四音節からなる尻上がりに大きくなる爽やかな囀りも聞かれ、一般には「銭《ぜに》取《と》り」と聞き做されています。

▼キマユムシクイ（黄眉虫喰）*Phylloscopus inornatus*　ムシクイ科ムシクイ属、全長一一センチメートル、秋、少

背面は明るい黄緑色で、腹面は淡黄白と、全身が黄色がかっていて、黄白色の眉斑と大雨覆と中雨覆の先端が黄白色で二条の帯になって目立ち、区別の要点の一つになっています。

ウラル山脈以東のシベリアと中国北部、朝鮮半島北部などで繁殖していて、三亜種に分けられています。日本には基亜種のキマユムシクイが旅鳥として主に琉球諸島や日本海側の島々で春に見られていますが、そのほかの地で見られることは少なく、西山では昭和五十三年（一九七八）九月三十日に花岡山（一三三メートル）で一羽が見られ、撮影されています。

▼キクイタダキ（菊戴）*Regulus regulus*　キクイタダキ科キクイタダキ属、全長一〇センチメートル、冬、普

日本産鳥類中最小で平均体重は五・六グラムほどです。背面は緑褐色で、翼の羽縁は白くて閉じると幅広の縦縞模様になり、眼の周囲の白色と共に目立っています。頭上は黄色くて、それを縁取るように黒い幅広の頭側線があり、雄には頭上中央部に橙色の羽があります。キクイタダキの名はこの頭上の羽色を菊の花（舌状花片）を戴いているように見立てたことによっています。ちなみに学名の属名や種小名とも王冠を戴いているの意で、英名Goldcrestも黄金色の冠羽という意味です。

平安時代から「まつむしり」の名で知られていて、室町時代からキクイタダキと呼ばれています。「まつむしり」は松林でよく採餌していることによっているようで、熊本市内で生まれ育った私は子供の頃には「まつめじろ（松目白）」と呼んでいました。

ユーラシア大陸北部の針葉樹林で広く繁殖していて、一二―一四亜種に分けられています。日本では亜種キクイタダキ *R. r. japonensis* が四国・本州中部以北・北海道の亜高山帯の針葉樹林で繁殖していて、冬季には低地にも下り、本州南部や九州では冬鳥として見られます。松や杉の林でメジロやカラ類、エナガなどと混群をなして採餌しています。枝葉を移動しながら、また停空飛翔（ホバリング）しながら昆虫やクモなどを捕食していて、よく細い声でツィーとかツリリリ…と鳴いています。

キクイタダキ
（ハンガリーの郵便切手）

チメドリ類（スズメ目チメドリ科）

日本には元々自然分布はしていなかった鳥で、鳴き声が良いことから飼鳥として移入されたものが野生化したものです。ソウシチョウやガビチョウが一九八〇年代になってから各地で目立っています。なんでもソウシチョウとガビチョウが侵入したハワイ諸島ではハワイ固有の在来鳥類が減少しているそうで、日本でも在来鳥類への悪影響が懸念されています。

▼ソウシチョウ（想思鳥）*Leiothrix lutea* ソウシチョウ属、全長一五センチメートル、年中、普

背面は暗黄緑色で、顔から喉にかけては黄色っぽく、上胸は橙色で腹は淡黄色とグラデーションが美しく、嘴も赤橙色で目立っています。次列風切基部も黄色く、雄では初列風切基部の外縁が暗赤色で目立っていますが、雌には無く、羽色全体が暗い。

中国中南部からヒマラヤ、ミャンマーにかけて自然分布しており、美しくて鳴き声もクロツグミに似て美しいことから中国では古くから飼鳥として賞玩されており、日本には江戸時代中期に移入されました。

ソウシチョウは、中国名「想思鳥《シィャンスイ》」（思い合うの意）の日本語読みで、俗に中国鶯《うぐいす》とも呼ばれています。なお、英名はJapanese Nightingaleで、明治以降に日本で繁殖させたものを逆に輸出していたことから欧米では日本原産の鳥と誤解されたようです。

日本では、近年その糞を美顔料「鶯糠《うぐいすぬか》」の原料にするため大量に飼育され、それらが籠抜けしたり、あるいは業者が経営不振で大量に放鳥したという噂などもあって野生化し、増殖しており、日本在来種への悪影響が懸念されています。日本での野生化は昭和六年（一九三一）に神戸市近郊の再度山《ふたたびさん》で確認されてから、昭和五十五年（一九八〇）頃から九州、近畿、関東で同時的に目立ち始めました。

九州では、昭和四十九年（一九七四）に福岡県の英彦山《ひこさん》（一二〇〇メートル）で目撃された後、九州中央山地でもあちこちで見られるようになりました。私が住んでいる熊本県内では昭和五十八年（一九八三）頃から県南部の球磨の山地で見られるようになり、平成十一年五月三十日には阿蘇外輪山の西北外側斜面にある菊池渓谷のブナースズタケ群集の日本を代表する森林で、三個の卵が入った巣が発見されました。巣は椀形で、内径六センチメートル（外径一〇センチメートル）、深さ五・五センチメートル（高さ九センチメートル）ほどの大きさで、枯れたササの葉や草の茎、細根などで造られ、外側には緑色の鮮苔類が張り付けられていて、スズタケの水平に伸びた枝の二股部にメジロの巣のようにハンモック状に吊り下げられていました。そのすぐ近くにはまだ造りかけとみられる巣や前年以前の古巣とみられるものなどもあって半ば集団的に繁殖しているようでした。

冬季には低地への漂行がみられ、新たな地での不案内な移動中に窓ガラスに衝突するなどして落鳥することもけっこうあるようです。

▼ガビチョウ（画眉鳥）*Garrulax canorus* ガビチョウ属、全長二五センチメートル、年中、普

ソウシチョウより一回り大きくおよそムクドリ大で、全体が黄緑褐色で暗色の縦斑があり、眼の周囲から眼じりにかけて「6」の数字を横倒しにしたような白い模様と、嘴の黄色が目立っています。

中国の東部及び中南部、インドシナ半島北部、台湾などに自然分布していて、ソウシチョウ同様に鳴き声がクロツグミに似て美しいことから、中国や台湾では鳴き声を楽しむために古くから賞玩されており、鳴き声コンテストなども開かれているとか。日本には飼鳥として江戸時代前期に移入されましたが、鳴き声があまりにも大きすぎたようでさほど人気が出なかったようです。ちなみに英名 Laughing Thrush（笑うツグミの

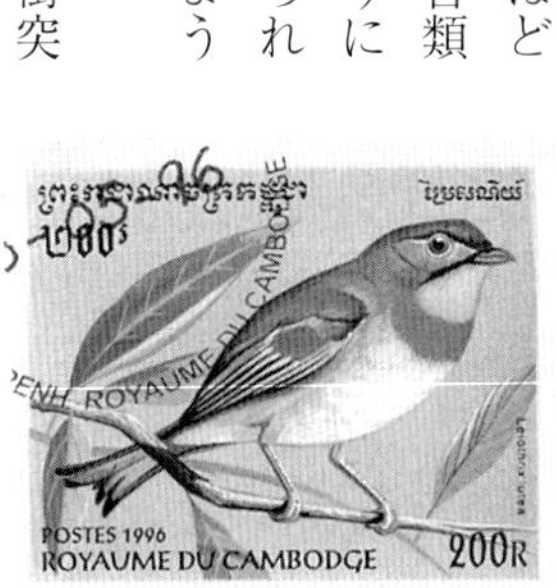

ソウシチョウ
（カンボジア王国の郵便切手）

意）は、大声で荒々しく鳴くことによっています。

ガビチョウは、中国名「画眉《フウワメイ》」（眉を描くの意）の日本語読みで、眼の周囲の白い模様によっていますが、三亜種中で台湾産の亜種にはこの白色部はありません。

一九八〇年代後半に九州の福岡市周辺や本州の東京都や神奈川県・埼玉県・群馬県・栃木県・茨城県・山梨県・長野県・愛知県・福島県などでほぼ同時期に野生化が目立ちだしました。九州ではその後、佐賀県や大分県、熊本県へと分布が広がっています。

熊本県内では平成十年八月二十二日に阿蘇外輪山の西北外側斜面の森林で二羽見られ、そのうちの一羽は撮影もされました。その後、熊本県内では平地から一二〇〇《メートル》くらいの山地にかけての森林に分布を広げており、主に地表や低木層で行動していて、もっぱら落ち葉をひっくり返してミミズや昆虫を食べており、秋には柿の実なども食べていますし、冬季には庭の給餌台にもやって来るとか。

四月から七月にかけて里山の二次林のほか市街地の校庭や人家の庭などでも繁殖し、地上二《メートル》くらいまでのよく茂った枝上に広葉樹の枯れ葉で椀形の巣を造り、内側の産座には草本の枯れた葉や茎、細根などを敷きます。巣の大きさはヒヨドリの巣と同じくらいで、無地の白っぽい卵を三〜五個産み、約二週間（一二〜一五日）の抱卵で孵化し、約二週間（九〜一四日）で巣立ちます。巣立ち後は翌年の繁殖期前まで家族群で生活しているようで、繁殖期に人や猫などが巣や幼鳥に近づくと激しく鳴き騒いで驚戒します。

二〇〇五年に「特定外来生物による生態系等に係る被害の防止に関する法律」によりソウシチョウと共に特定外来生物に指定されています。

ガビチョウ
（ベトナムの郵便切手）

カラ類（スズメ目のシジュウカラ科とエナガ科）

カラ類とはシジュウカラ科鳥類を総称した俗称で、森林でよく見かけるスズメ大の洞巣性で巣箱をよく利用する馴染みの小鳥です。秋から冬にかけての非繁殖期には数種で混群を成して、昆虫やクモなどの小動物のほか木の実などを探して林内を移動しています。エナガ（エナガ科）もかつてはシジュウカラ科に入れられたこともあり、カラ類とよく一緒に行動していますので、区別する便宜上からここで扱うことにします。

シジュウカラやヤマガラは、平安時代から「しじうからめ」「やまから」の名で知られており、エナガは江戸時代からその名で知られています。

▼シジュウカラ（四十雀）*Parus minor*　シジュウカラ科シジュウカラ属、全長一五センチメートル、年中、普

頭は黒くて頬から耳羽にかけて白いのが目立っていることからホオジロ（ホオジロ科）と混同されていることがあります。腹は白くて喉から下尾筒まで連なるネクタイ様の幅広い黒帯も目立っています。この黒帯は雄では下腹部まで幅広ですが、雌では細くなりますので雌雄を区別する要点になります。ただ、幼鳥では細くて短く、また頬や胸が黄色みを帯びています。背面は黄緑色から灰青色で、翼と尾羽は黒く、翼には白い一条の翼帯があります。

平安時代から「しじうからめ」の名で知られており、室町時代から「しじうから（四十雀）」と呼ばれるようになりました。シジュウカラの語源は、柳田国男の『野鳥雑記』での「シジュウ」は鳴き声で「カラ（雀）」は小鳥の意、とする説が有力です。囀りはツツピーツツピーですが、地鳴きはチ・ヂジュクジュクなので、野鳥の鳴き声録音の第一人者、蒲谷鶴彦も「シジュウ」と聞き做したのだろうと日本野鳥の会会誌「野鳥46」に述べています。

東アジアの熱帯から亜寒帯にかけて繁殖分布しており、地理的変異が大きくて、日本には四亜種が生息しています。九州から北海道にかけて全国的に生息しているのは基亜種のシジュウカラで、平地から山地にかけての森森で普通に見られます。市街地の公園や庭などにも普通にいて、昆虫やその幼虫、卵、クモなどのほか木の実もよく食べ、地上で落ち葉の下の餌を探すこともけっこうあります。また、冬季には給餌台にも来てピーナッツやラードなどもよく啄みます。洞巣性で、樹洞のほか、石垣の隙間、伏せた植木鉢、郵便受け、巣箱などもよく利用して営巣します。巣には苔を厚く敷きつめ、その上に獣毛や羽毛などで産座を造り、七―一〇卵を産みます。熊本県内での平均初卵日は四月四日で、関東地方などよりだいぶ早くなっています。雌が抱卵して約二週間で孵化しますが、その間に雄は抱卵中の雌に餌を運んで来ます。育雛は雄もし、一六―二〇日で巣立ちますが、その後約一か月間くらいは家族群で生活しています。約九割が年に二回繁殖し、三回繁殖するものもいます。秋から冬にかけての非繁殖期には数羽の群れで生活し、ヤマガラやエナガ、メジロなどとよく混群を成しています。なお、北方で繁殖したものは冬季には南下するものもいます。森の都熊本市には多く、熊本市民の鳥に選定されています。ただ、市の財政が始終空《シジュウカラ》は困るとの声も。

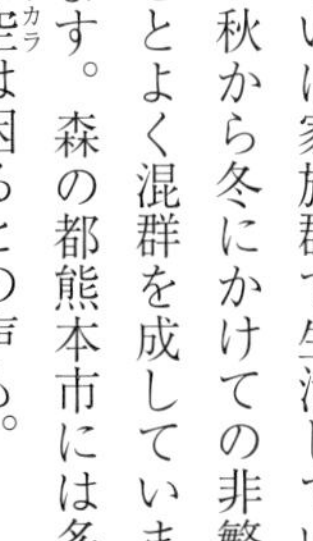

シジュウカラ

▼ヤマガラ（山雀）*Poecile varius*　シジュウカラ科コガラ属、全長一四《センチメートル》、年中、普

　頭と喉は黒くてその間の額や頬、それに後頭部と上胸は淡褐色で、翼は暗青灰色、腹は褐色と、一見シジュウカラを褐色に染めたような感じの鳥です。

　平安時代から「やまから（山辛）」の名で知られていて、鎌倉時代からヤマガラと濁って呼ばれるようになりました。「ヤマ（山）」は生息地で、「カラ（雀）」は先述のシジュウカラの「カラ（雀）」と同様に小鳥の意で、山にすむ小鳥ということです。

日本のほか、南千島・朝鮮半島・台湾と繁殖分布域は比較的狭いが、南方のものほど小振りで羽色が濃くなる傾向があり、八亜種に分けられています。ちなみに学名の種小名 *varius* は変化に富んだの意で、英名もVaried Tit（変化に富んだカラ類）となっています。日本では九州以北、北海道南西部にかけての森林に基亜種のヤマガラが留鳥として生息しています。西南日本の常緑広葉樹林に多く、樹洞やコゲラの古巣穴などに営巣し、巣箱もよく利用します。巣造り、抱卵は雌だけでし、約二週間で孵化します。育雛は雌雄協同でし、約二〇日で巣立ちます。

ツーツーピー、ツーツーピーとゆっくり繰り返して鳴き、時々ニーニーと鼻にかかったような声でも鳴きます。エゴノキの堅い種子を両足の間に挟んで固定して嘴でつつき割って食べています。果皮にはサポニンが含まれていてえぐい（渋みに似た）ので果皮が乾いて破れて出てきた種子を食べているのです。また、木の実は樹皮の隙間や幹のくぼみなどに貯食しておく習性があります。カシ類の実（ドングリ）の多くは地面に落ちたままでは乾燥したり虫に食べられたりして発芽しにくいので、発芽を手助けしていることにもなっています。

ヤマガラ

〈金峰山の手のりヤマガラ〉

金峰山頂上の金峰山神社境内には人の手からピーナッツを啄む野生のヤマガラがいて登山者の人気をよんでいます。事の始まりは、山上茶店の女店主が片手間に昭和五十二年（一九七七）から一年半ばかりかけて根気よく馴らされたもので、当初は女店主の手だけからしか啄みませんでしたが、後では一般登山者の手からも啄むようになりました。といっても誰の手からでも啄むというわけではなく、捕らえてやろうなどという下心がある人の手からは決して啄みません。気を許しているようで実はちゃんとマン

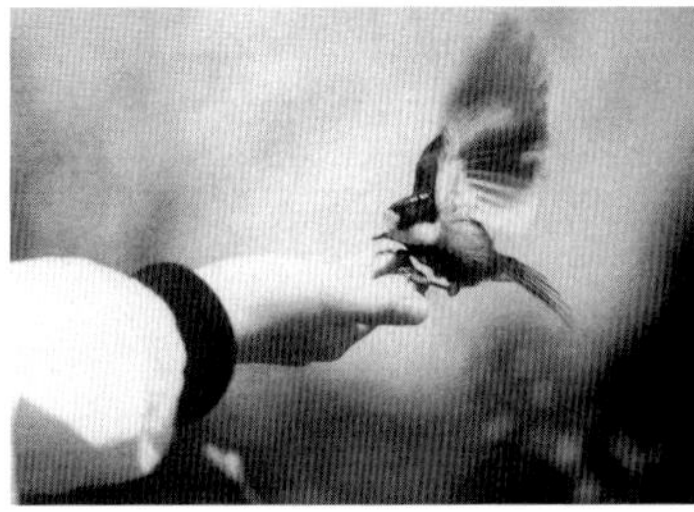

人の手からピーナッツを啄む野生のヤマガラ
1984年4月7日　金峰山山上で

ウォッチングをしていて啄んでも大丈夫な人かそうでない人かを見定めているのです。ヤマガラの野生での寿命はせいぜい四、五年くらいでしょうから世代交代が何度もあっているはずですが、慣習はちゃんと引き継がれていて、現在も人手からピーナッツを啄むヤマガラは三、四羽いて登山者のマスコットとして人気をよんでいます。常連の登山者の中にはヤマガラのためにわざわざピーナッツを持参される方も多いとか。

与えるピーナッツはヤマガラの健康を考えますと、加工されて塩分が多いものより殻付きのものが好ましく思えます。山上茶店でも購入できますので機会があったら一度試されてみられてはどうでしょうか。

〈ヤマガラの芸〉

仕種が可愛いくて人によく馴れることから、鎌倉時代（十三世紀半ば頃）から飼育して芸を仕込んでいて、「つるべ上げ」の芸に始まり、江戸時代には「輪抜け」や「かるたとり」の芸が完成して、十七世紀の終わり頃には見世物芸に発展していました。昭和になると「おみくじ引き」の芸が流行して、文部省唱歌『山雀』にも登場しています。

「おみくじ引き」の芸とは、鳥籠の前に小さいお宮が設けられていて、鳥籠の扉が開けられるとヤマガラは鳥籠から出て、まず止まり木まで進み、そこでヤマガラ使いからお賽銭が渡されます。ヤマガラはそのお賽銭をくわえて賽銭箱まで進んで賽銭箱に入れます。次に階段を上がって鈴を鳴らし、それからお宮の扉を左右に開けて中からおみくじを一つくわえ取ります。そのおみくじをくわえて元の止まり木

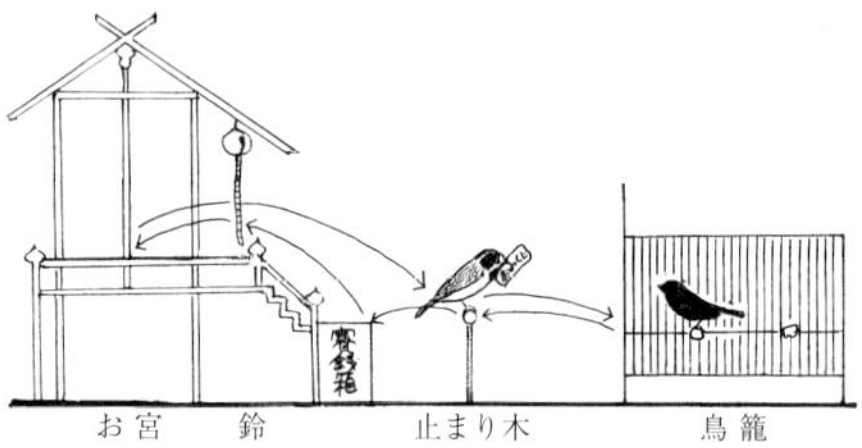

ヤマガラのおみくじ引き芸での動線

まで戻り、そこでおみくじを両足で押えて嘴で封を切ります。封が切れたらおみくじをくわえてヤマガラ使いの手に渡します。するとご褒美に麻の実を一粒渡され、それをもらって鳥籠に自ら帰る、という手の込んだものです。私が小学生の頃にはこういったヤマガラのおみくじ引きをリヤ・カーで見せて回る大道芸があって感心しながら見たものです。

しかし、ヤマガラの生態の特徴をよく捉えて応用し伸ばした日本人の小鳥飼育技術の高さを示す極みともいえる芸も、野鳥を飼うのは良くないことだという社会風潮の高まりにつれて衰退し、ついに昭和四十年代になると見られなくなりました。

▼エナガ（柄長）*Aegithalos caudatus* エナガ科エナガ属、全長一四センチメートル、年中、普

全体に白っぽくて丸っこく、黒い嘴は短くて尾羽が長く、まるで綿菓子のようです。眼先から眼の上方を通って背の中央部まで黒く、背の外側と肩羽は淡い赤紫色をしていて、その外側と腹面は白くてその取り合わせが清清しい可憐な小鳥です。

江戸時代前期からエナガ（柄長）の名で知られていて、「えながどり（柄長鳥）」や「えながひしゃく（柄長柄杓）」「をながひしゃく（尾長柄杓）」などとも呼ばれていました。どれも体を柄杓の椀、長い尾羽を柄杓の柄に見立てています。ちなみに学名の種小名 *caudatus* は長い尾羽を有するの意で、英名も Long-taild Tit（長い尾羽を有するカラ類）となっています。

ユーラシア大陸の温帯から亜寒帯にかけて広く分布していて、体の大きさや羽色の相異から一九もの亜種に分けられています。南方のものは眼先から眼の上方を通って背の中央部に続く黒い模様がありますが、北方のものにはこれが無くて頭は白くしています。日本には四亜種が生息していて、本州以南産の三亜種は南方系で、北海道産の亜種シマエナガ *A. c. japonicus* は北方系の模様をしています。九州と四国には小振りで、全体に色黒で胸部の横帯状の縦斑が淡いかほとんど無い亜種キュウシュウエナガ *A. c. kiusiuensis* が里山の森林に留鳥として生息しています。ほとんど年中群れていて、特に非繁殖期にはカラ類やメジロ、コゲラなどとよく混群で決まったコースをほぼ同じ日課でジュリジュリと鳴き交しながら枝から枝へと目まぐるしく動きながら移動しています。阿蘇外輪山西北麓の菊池ではその行動から「すぎさがり（杉下がり）」とも呼んでいます。

　繁殖期は早くて二月には巣造りを始めます。苔をクモの糸で固めて斜め上方に入口がある楕円形をした巣（高さ一五センチメートル、直径約一〇センチメートル）を常緑樹の枝の先や根元に造ります。巣は精巧にできており、内部には多量の羽毛が敷き込めら

亜種キュウシュウエナガの育雛1970年4月14日　山江村湯原で

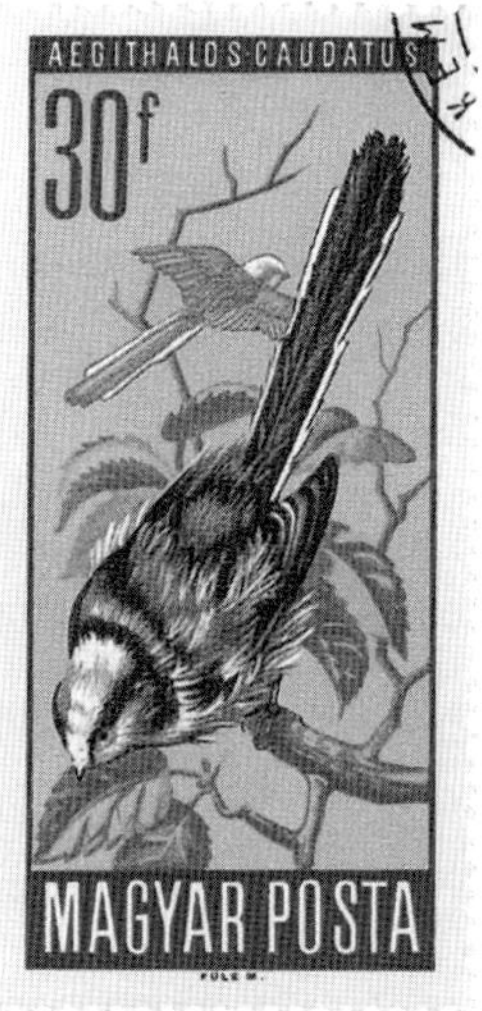

エナガ
（ハンガリーの郵便切手）

れていて暖かそうで、外側にはウメノキゴケがクモの糸で張り付けられていますので一見したところ木のこぶのようで紛らわしくて目立ちません・。このように精巧な巣を造ることから江戸時代には「たくみどり（巧婦鳥）」の一種とされていました。一腹卵数（クラッチサイズ）は七―一二個と多産で、雌だけが抱卵して約二週間（一二―一四日）で孵化します。なお、育雛には前年生まれの雌（娘）が手伝うことがあり、六羽での育雛の事例も知られています。

ツグミの仲間（スズメ目ヒタキ科）

ツグミ属の鳥のことですが、野外で区別する便宜上から体形や大きさがよく似ている近縁のマミジロ（トラツグミ属）やイソヒヨドリ（イソヒヨドリ属）も一緒にしてみていくことにします。

ツグミとシロハラは冬鳥で、アカハラ・マミチャジナイ・クロツグミは主に春と秋の渡りの時季に見られ、イソヒヨドリは岩場やコンクリートのビル街で年中見られます。

▼ツグミ（鶫）*Turdus naumanni* ツグミ属、全長二四センチメートル、冬、普

全体に茶色っぽく、眉斑と喉の白さだけがわずかに目立っているくらいの地味な鳥ですが、羽色は個体差があります。

ユーラシア大陸東部のシベリアからカムチャツカ半島、サハリンにかけて広く繁殖していて、二つの亜種に分けられています。日本には冬鳥として両亜種とも全国的に渡来していますが、亜種ツグミ *T. n. eunomus* が圧倒的に多くて、基亜種のハチジョウツグミは少ない。亜種ツグミは頭上から背にかけては緑色がかった褐色で、翼は赤褐色、胸から脇にかけては黒斑がありますが、個体によって赤褐色部の大きさや黒斑の量は

異なります。一方、基亜種のハチジョウツグミは少し大振りで、背面は暗褐色で、胸から脇にかけてと眉斑や外側尾羽は赤褐色で全体が赤っぽくてメリハリがありません。シベリア中央部とサハリンで繁殖していて主な越冬地は中国北部だとか。なお、両亜種が混生して繁殖している地域もあって、交雑種らしいものも見られています。その名はたまたま八丈島で最初に採集されたことによっていて、八丈島に特に多いということではありません。

ツグミの名は奈良時代から知られており、ハチジョウツグミは一八二〇年に区別されて認識されることになりました。ツグミの語源は、『日本釈名』や『大言海』では「噤《つぐ》みの義」で、夏至以降は鳴かないからとしています。冬季にはクイッ、クイッとかクワッ、クワッとしか鳴きませんが、春の渡去前にはポピリョンポピリョン、キョロキョロ…などと小さいが美しい鳴き声が聞かれることがあります。しかし、日本では冬鳥で夏季にはいないはずのツグミが夏至の後には鳴かなくなるとは変です。実は、かつて渡来したばかりのツグミを飼育しておいた囮《おとり》の鳴き声で誘き寄せて霞網で大量に捕らえ、焼き鳥にして食べていた時代があって、その囮として飼育されていたツグミの観察から生まれた名なのです。なお、平安時代には「まてう（馬鳥の意か?）」とも呼ばれ、江戸時代にはそれを前後ひっくり返して「てうま（鳥馬?）」とも呼ばれました。これらは地上での歩き方を若駒の両足をそろえてのホッピングに見立てたのでしょう。熊本県南部の球磨地方では現在も「ちょま」と呼ぶことがあります。

渡来当初は山地の森林に群れていますが、寒くなるにつれて山を下り、樹上より地上での生活が多くなります。そして、年明け頃から田畑やゴルフ場、公園や運動場といった開けた場所でもよく見かけるようになります。

▼シロハラ（白腹）*Turdus pallidus* ツグミ属、全長二四センチメートル、冬、普

背面は緑褐色で、腹は白っぽいが、その名になるほど目立ってはいません。ちなみに学名の種小名 *pallidus* は灰白色の意味です。背面が暗色で腹面が白っぽい配色では隠蔽効果があってカウンターシェイディングと呼ばれています。雄は頭部が黒っぽくて全体的に雌より色が濃く、雌雄とも外側尾羽の先端に白斑があり飛んだときによく目立ちます。

江戸時代中期からシロハラと呼ばれるようになり、「しらはら」「はらしろ」「しろつぐ」「くはっとり」などとも呼ばれました。

シベリア東部のウスリーやアムールなどで繁殖しているほか、朝鮮半島や日本でも対馬（一九六六年）や中国山地の臥竜山（一二二三メートル）や苅尾山（一一〇〇メートル）、九州中央山地の内大臣などのブナ原生林で繁殖が知られていますが、日本では主に冬鳥で、西南日本の平地から山地にかけての薄暗い林や竹藪などに単独で越冬しています。主に地上で落ち葉をカサコソかき分けながらミミズや昆虫などを採餌していて、警戒するとクワックワッと大きな声で鳴いて飛び立ち驚かされます。その鳴き声から熊本県内では「くわっちょ」とか「くわくわっちょ」などとも呼んでいます。春の渡去前には早朝からまろやかな声でポピリョン、ポピリョンと囀るのも聞かれます。

▼アカハラ（赤腹）*Turdus chrysolaus* ツグミ属、全長二四センチメートル、春・秋、普

背面が緑褐色で腹面が白っぽいところはシロハラと共通していますが、胸から脇にかけての赤褐色が目立っています。雄は雌より色が濃くて頭部は特に黒っぽい。

江戸時代前期からアカハラ（赤腹）の名で知られており、「あかはらつぐみ」や「あかじなひ」「ちゃつぐ」などとも呼ばれました。ちなみに学名の種小名 *chrysolaus* はギリシャ語で金色のツグミの意で、英名は

Brown Thrush（褐色のツグミ）となっています。

繁殖分布域は狭く、日本とサハリン、千島だけで、二つの亜種に分けられています。日本では基亜種のアカハラが本州北部以北と北海道に夏鳥として渡来し繁殖しており、それより南の地では主に春と秋の渡りの時季に旅鳥として見られますが、九州や四国では一部越冬するものもいます。

▼マミチャジナイ（眉茶鶫）*Turdus obscurus* ツグミ属、全長二一《センチメートル》、秋、普

背面が緑褐色で腹面が白っぽく、胸から脇にかけて橙赤色のところはアカハラと共通していますが、白い眉斑がある点が異なっています。雄の頭部は灰色っぽく、雌は全体に淡色で喉は白くて灰黒色の縦斑があります。江戸時代後期から「まみしろしない」や「まゆじろしなひ」の名で知られています。「マミ」は眉、「チャ」は茶（褐色）、「ジナイ」はツグミのことで、（白い）眉斑を有する茶色（褐色）をしたツグミの仲間ということです。ちなみに英名はEye-browed Thrush（眉のあるツグミ）です。

中央シベリア高地南部から中国東北部、カムチャッカ半島にかけて繁殖していて、冬季には中国南部・台湾・インドシナ半島・アッサム・マレー半島・カリマンタン島（ボルネオ島）・フィリピンなどに渡るとされ、日本では主に旅鳥としてほかのツグミの仲間より早く九月下旬頃には見られます。日本でも昭和五年（一九三〇）に富士山麓で巣が発見され、その後、大雪山でも繁殖が確認されたと話題になりましたが、どちらも眉斑があるアカハラだったようです。シロハラ、アカハラ、マミチャジナイの三種は互いによく似ていて、マミチャジナイとアカハラをシロハラの亜種とみる学説もあるほどです。

▼クロツグミ（黒鶫）*Turdus cardis* ツグミ属、二一《センチメートル》、秋、普

日本産ツグミの中では最も小さく、雄は腹が白いほかは黒くてその名がありますが、雌は雄の黒色部分が暗褐色で、胸と脇は黄褐色を帯びていてまるで違っています。

江戸時代前期からクロツグミの名で知られていて、「くろしなひ」とも呼ばれました。「しなひ」はツグミのことです。

アジア東部の日本と中国にかけ離れて繁殖分布していますが亜種には分けられていません。日本には夏鳥として渡来していて、九州以北、北海道にかけての山地の森林で繁殖していますが本州中部以北に多くてそれより南の地には少なく、九州では阿蘇で繁殖が知られています。ヨーロッパの三鳴鳥の一つクロウタドリと並び称される名歌手で、ピョイピョイピョイ、キョコキョコ…とまろやかな声で声量豊かに鳴き、節まわしの豊かさと複雑さは日本産野鳥では群を抜いています。

春の渡りの時季には市街地でもミミズや昆虫などを採餌しているのが見られ、秋の渡りの時季にはほかのツグミの仲間と共に柿の実を啄んでいるのが見られます。

▼マミジロ（眉白）*Zoothera sibirica*　トラツグミ属、全長二三《センチメートル》、春・秋、普

雄は全身がほとんど黒くて、白い眉斑と下腹部の白い横斑が目立っています。雌は全身が暗黄緑褐色で腹面には淡褐色の縦斑はあり、眉斑と喉の白いのが目立っています。

江戸時代中期から「まみしろ」の名で知られており、「まみしろつぐみ」や「まみしろしない」などとも呼ばれました。「まみ」は眉、「しろ」は白、「しない」はツグミのことで「白い眉斑を有するツグミ」ということです。

ユーラシア大陸のエニセイ川以東のシベリア南部・サハリン・日本で繁殖していて、二つの亜種に分けられています。日本には亜種マミジロ *T. s. davisoni* が夏鳥として渡来し、繁殖しています。本州中部では標高七〇〇―一五〇〇《メートル》の森林で繁殖していて、キョロンチーと美声で囀るとか。カンボジア南西部での越冬が知られており、本州南部以南の地では春と秋の渡りの時季に旅鳥として見られます。いてもたいてい単独で、

しかも茂みにいることが多いのであまり目立ちません。

▼イソヒヨドリ（磯鶫）*Monticola solitarius* イソヒヨドリ属、全長二六センチメートル、年中、普

雄は顔から胸にかけてと背面が青藍色で、腹は濃い赤褐色ですが、雌は全体に黒っぽくて腹面には鱗模様があり雄とはまるで異なります。

江戸時代前期から「いそつぐみ」の名で知られていて、江戸時代中期からイソヒヨドリ（磯鶫）と呼ばれるようになりました。ヒヨドリの仲間ではなくツグミの仲間に近くて、当初の名の方がより相応しく、英名もBlue Rock Thrush（青い岩ツグミ）となっています。なお、有明海に面した河内町では「いわつぐみ（岩鶫）」とも呼んでいます。

ユーラシア・アフリカ両大陸の温帯から亜熱帯にかけて帯状に分布していて、雄の羽色は全身が青色のものから日本産のように腹部が濃い赤褐色のものまで変化に富んでいて、四―五亜種に分けられています。ヨーロッパ産の雄は腹部も青色をしていて全身が青色をしています。腹部も青色のものは中国西部までで、それより東側のものは日本産のように腹部が赤褐色だとか。日本産の亜種イソヒヨドリ *M. s. Philippensis* は、日本のほか、中国北部・朝鮮半島・台湾などにも分布しています。日本ではほぼ全国の岩石海岸で見られますが、山地の岩場やダムサイト、あるいは都市のビル街などでも見られ、岩やコンクリート、あるいは屋根瓦の隙間などに営巣しています。要するに岩場が好きで、その代表的な場所として〝磯〟があるということのようです。ちなみに学名の属名 *Monticola* は山にすむという意味です。雄だけでなく雌も良い声で鳴き、岩や屋根などに止まった時には尾羽をゆっくり上下させています。磯では主にフナムシを、山の岩場や市街地のビル街などでは昆虫のほかトカゲやヤモリなども捕食していて、木の実やパン屑なども食べます。

小型ツグミ類（スズメ目ヒタキ科）

鳥類分類上の正式名称ではありませんが、スズメ目ヒタキ科の鳥でツグミの仲間によく似た体形をしたスズメ大の小鳥を便宜上、小型ツグミ類と呼ぶことにしてみていくことにします。

ジョウビタキとルリビタキが冬鳥として渡来しているほかにコマドリが春の渡りの時季に金峰山で見られ、ノゴマが春と秋の渡りの時季には住宅地の庭などでも見られることがあります。

▼ジョウビタキ（常鶲）*Phoenicurus auroreus*　ジョウビタキ属、全長一四センチメートル、冬、普

雄の頭頂は尉《じょう》（上質炭の灰）のような銀白色で、顔から喉と翼は黒く、翼には目立つ大きい白紋があり、胸や腹は赤橙色とメリハリがある羽色となっています。雌は全体に淡色で、顔も黒くなくて胸や腹と同じように灰褐色で、翼の大きい白紋だけが目立っています。

江戸時代前期からジョウビタキ（常鶲・尉鶲・上鶲）の名で知られています。漢字表記は語源と関係しており、「常」は普通の意で、「尉」は上質炭の灰や能の老翁のことで雄の頭頂の色によっており、「上」は鶲類中で最上を意味しています。なお、ヒタキ（鶲）は、鳴き声のヒッヒッカチカチを、ヒッヒッは火火、カチカチは火打ち石を打ち合わせる音に見立てて〝火焚き〟というわけです。

バイカル湖西岸から東にアムール川流域・中国北部・サハリン・更にチベットから中国西部・朝鮮半島にかけて繁殖していて、二つの亜種に分けられています。日本には朝鮮半島以北で繁殖している基亜種のジョウビタキが冬鳥として渡来していて九州から本州中部にかけての各地で普通に見られます。なお、北海道中央部の上士幌町糠平では昭和五十八年（一九八三）に繁殖が確認されています。

林縁の開けた場所を好み、集落内でも越冬しています。冬季には地味な羽色になるものが多い野鳥の中で

ジョウビタキと鏡
1羽ずつ縄張（テリトリー）を持って越冬
雌（左）1991年12月21日　球磨村渡で
雄（右）1996年11月20日　熊本市秋津町で

色彩が目立っており、俳句などでは単に〝ひたき〟といえばこの鳥をさしています。冬季には一羽ずつ縄張（テリトリー）を持って生活しています。それで縄張（テリトリー）内にカーブミラーがあったり、暗くて窓ガラスが鏡のようになっていたりすると映った自分の姿を侵入者と誤解して追い出そうと攻撃したりします。電線やテレビアンテナなど見晴らしの良い目立つ場所によく止まって御辞儀するように頭を下げ尾羽を細かく上下させながらヒッヒッカチカチと鳴いています。その鳴き声から熊本県内では「ひんこつ」とも呼ばれています。昆虫のほかウメモドキやムラサキシキブ、ピラカンサ、ヤマウルシなどの実もよく食べます。

▼ルリビタキ（瑠璃鶲）*Tarsiger cyanurus*　ルリビタキ属、全長一四センチメートル、冬、普

ルリビタキ（雄）
1975年3月14日　河内町の鼓ヶ滝で

雄の背面は瑠璃色でその名がありますが、雌や幼鳥は尾羽だけが瑠璃色で背面は緑褐色です。雄の幼鳥は雌に似ていますが、小雨覆に青い羽が混じり、尾羽の青色も雌より濃くて、背面が瑠璃色の成鳥羽になるのは生後三年目の秋の換羽後だとか。雌雄、幼鳥とも腹面は白っぽくて脇の橙色が目立っています。ちなみに学名の種小名 *cyanurus* は青色の意で、英名 Red-flanked Bushrobin は赤い脇腹の茂みにすむロビンという意味で、種小名は尾羽の色に、英名は脇腹の色に注目しています。

江戸時代中期からルリビタキの名で知られていて、「やぶてう」や「ゆき

ひたき」とも呼ばれました。

ユーラシア大陸の亜寒帯の針葉樹林で広く繁殖していて、二〜三亜種に分けられています。日本では基亜種のルリビタキが北海道・本州・四国の亜高山帯の針葉樹林で繁殖していて、九州には冬鳥として渡来しています。冬季には暗い茂みに単独で生活していて、あまり人怖じせず、木の枝や岩上に止まって尾羽を細かく振り、時々ヒッヒッとかギュッギュッと鳴きます。熊本県南部の五木村や相良村では「ばかそ」とも呼んでいます。冬季に山麓の雑木林で見かけるのは、雄の完全な成長羽のものは少なくて雌のような幼鳥が多い。

▼コマドリ（駒鳥）*Luscinia akahige*　ノゴマ属、全長一四センチメートル、春・秋、普

頭部から上胸にかけてと背面は赤褐色で、腹は白くて下胸から脇にかけては煤けたように黒っぽい。雌は全体に淡色で鈍い。

室町時代からコマドリ（駒鳥）の名で知られています。その名は囀りのヒンカラカラを馬の嘶《いなな》きに見立ててのことです。ちなみに英名はJapanese Robinで、美声で知られ、江戸時代にはウグイス、オオルリと共に日本三鳴鳥とされました。

日本と南千島だけで繁殖している準日本国有種で、二つの亜種に分けられています。南千島から北海道・本州・四国・九州で基亜種のコマドリが繁殖しており、伊豆諸島・種子島・屋久島には全体に暗色の亜種タネコマドリ *L. a. tanensis* が繁殖しています。

西山では金峰山で春の渡りの時季（四月中・下旬頃）に鳴き声がよく聞かれます。九州中央山地の一三〇〇メートル以上の渓流沿いのクマザサが茂った森林では夏季にも見られますが、繁殖の明確な記録はまだ無いようです。巣は椀形で、大木の根元のくぼみや倒木の下の隙間などに造られ、四〜五卵産み、約二週間で孵化するとか。巣造り・抱卵は雌だけでし、その間に雄は囀っているだけだが、育雛は雄もするそうで、年二回繁殖

するとか。九州でもいずれ繁殖が確認されるでしょう。

〈アカヒゲと混同されたコマドリ〉

スズメ目ヒタキ科ノゴマ属 *Luscinia* の鳥は三種いて、そのうちコマドリの種小名は *akahige* となっていて、アカヒゲの種小名は *komadori* で逆になっています。両種ともシーボルトが江戸時代に日本から送った標本をもとにオランダ国立自然史博物館長のテミンクが一八三五年に命名し記載しましたが、どうやら標本のラベルが取り違えられていたようです。

しかし、学名はいったん記載されると原則として修正できない規定になっていますので現在もそのままになっているのです。

アカヒゲ（雄）

▼ノゴマ（野駒）*Luscinia calliope*　ノゴマ属、全長一六センチメートル、春・秋、普

体全体が緑褐色で、雄は喉が赤く、白い眉斑と顎線も目立っています。ちなみに学名の種小名 *calliope* はギリシャ語で美しいという意味です。雌は全体に淡色で、喉は白っぽいが中には薄赤いものもいます。江戸時代からノゴマ（野駒）の名で知られており、「のごとり（喉紅鳥）」とも呼ばれました。ノゴマは野にすむコマドリという意味です。

ウラル山脈からカムチャツカ半島に至るアジア東北部で広く繁殖していて、中国南部・フィリピン・インドなどに渡って越冬するとされています。日本には北海道に夏鳥として渡来し繁殖しており、本州以南の地では旅鳥として見られます。春の渡りの時季には囀りが聞かれることもあり、河内町の蜜柑畑でキョロキリ、キョロキリと声量豊かに囀っているのを聞いたことがあります。

ヒタキ類（スズメ目のヒタキ科とカササギヒタキ科）

丸い大きな眼と短小だが根元は幅広い嘴を有し、足も短いスズメ大の森林性の小鳥の総称です。なお、ジョウビタキやルリビタキは「ヒタキ」の名は付いていますが、分類上はツグミの仲間により近くて小型ツグミ類として先述したとおりです。

突き出た目立つ枯れ枝の先などに止まって獲物を探しハエなどの昆虫が飛んで来ると飛び立って空中でくわえ捕り、元の枝に舞い戻って食べています。ヒタキ類を表す英語 Flycatcher の Fly は名詞では昆虫の「ハエ」、動詞では「飛ぶ」という意味で、飛んでいるハエなどの小昆虫を飛びながら空中で捕るという生態によっています。

コサメビタキ・キビタキ・オオルリ・サンコウチョウが夏鳥として渡来しているほか、サメビタキやエゾビタキ・ムギマキなどが主に秋の渡りの時季に見られます。

▼エゾビタキ（蝦夷鶲）*Muscicapa griseisticta*　ヒタキ科サメビタキ属、全長一五センチメートル、秋、普

背面は暗灰褐色で、腹面は白っぽく、胸から脇にかけて黒褐色の不規則な縦斑があり、サメビタキやコサメビタキとの区別の要点になっています。ちなみに学名の種小名 *griseisticta* は灰色の斑点があるという意味で、英名も Grey-spotted Flycatcher（灰色の斑点があるヒタキ）です。なお、学名の属名 *Muscicapa* はラテン語でハエを捕るものという意味です。

中国東北部からカムチャツカ半島にかけてとサハリン・千島列島で繁殖していて、日本では旅鳥として主

に秋に市街地の公園などでも見られます。

▼サメビタキ（鮫鶲）*Muscicapa sibirica*　ヒタキ科サメビタキ属、全長一四センチメートル、秋、普

背面は鮫色（灰褐色）で、腹面は汚白色で胸と脇は淡い灰褐色の地味な羽色で丸い大きい眼だけが目立っています。

江戸時代中期からサメビタキ（鮫鶲）の名で知られており、「さめめだい」とも呼ばれました。サメビタキの名は、羽色が刀の柄などに用いられる干した鮫皮の色（灰褐色）に似ていることによっています。ちなみに英名はSooty Flycatcher（煤《すす》けたヒタキ）です。

アフガニスタンからヒマラヤにかけてと朝鮮半島から日本、カムチャツカ半島にかけて離れて繁殖分布していて、四亜種に分けられています。日本には基亜種のサメビタキが夏鳥として渡来していて、本州中部以北と北海道の亜高山帯の針葉樹林で繁殖しており、本州南部以南の地では旅鳥として主に秋に市街地の公園などでも見られます。カラ類とよく一緒に行動していて、時々ツィーと鋭い声を発しています。

▼コサメビタキ（小鮫鶲）*Muscicapa dauurica*　ヒタキ科サメビタキ属、全長一三センチメートル、夏、普

サメビタキより少し小さく、背面はサメビタキより淡い灰褐色で、眼の周囲から眼先にかけて白っぽい。

江戸時代中期からコサメビタキ（小鮫鶲）の名で知られており、「めだいひたき」や「こあがり（小揚り）」とも呼ばれました。コサメビタキの名はサメビタキに似て小さいことによっており、「めだいひたき」は丸く大きい眼が周囲が白くてよく目立っていることによっており、「こあがり（小揚り）」は飛んでいる小昆虫を枝から飛び立って幅広い嘴で空中でくわえ捕り、元の枝に舞い戻るという採餌行動によっています。

アジアの東部から南部にかけて広く繁殖していて、四亜種に分けられています。日本には基亜種のコサメビタキが夏鳥として渡来していて、九州以北、北海道にかけての低地から低山帯にかけての広葉樹林で繁殖

しています。地上三〜一五メートルの水平に伸びた枝の上に苔をクモの糸で固めて皿形の巣（直径一〇センチメートル、深さ二・五センチメートル）を造り、表面にはウメノキゴケが張り付けられていますので木のこぶのようで目立ちません。卵は淡青灰色で、四〜五個産み、雌が抱卵して約二週間で孵化しますが、その間に雄は雌に餌を運んで来ます。巣造りや育雛は雌雄協同でし、約二週間で巣立ちます。幼鳥は背面に灰白色の斑点があってまるで別種の鳥のようです。市街地の公園や学校などの大木にも営巣しています。人吉市南泉田町に借家住まいしていた頃には家の前の柿の木や、すぐ近くの人吉東小学校裏手の柿の木に毎年営巣していて楽しく見ていたものです。地鳴きはツィーと単純ですが、囀りは小声ながら複雑で美しい。

▼キビタキ（黄鶲）*Ficedula narcissina*　ヒタキ科キビタキ属、全長一四センチメートル、夏、普

雄は眉斑と腹面、それに腰が黄色くて喉は橙色を帯びていてグラデーションが見事で、背面は黒くて翼の大きい白斑が目立っています。一方、雌は全体に緑褐色で、腹面は淡く地味な羽色で別種のようです。江戸時代前期からキビタキ（黄火焼）の名で知られており、江戸時代中期から黄鶲の漢字が充てられるようになりました。ちなみに学名の種小名 *narcissina* はスイセンのようなという意味で、英名も Narcissus Flycatcher（スイセンのようなヒタキ）で、どちらも喉から腹にかけての橙色から黄色への見事なグラデーションに注目しています。

繁殖地は、アジア東部の中国河北省と山西省・サハリン・南千島・日本と比較的狭くて、三亜種に分けられています。日本には基亜種のキビタキが夏鳥として渡来していて、九州以北、北海道にかけての主として落葉広葉樹林で繁殖していますが、西山では竹林での繁殖が北外輪山で平成二十五年七月に確認されています。低木層が密生した森林を好み、樹洞やキツツキ類の古巣穴のほか巣箱なども利用して営巣します。巣造りから抱卵まで雌だけでし、約二週間（一二〜一三日）で孵化します。育雛は雌雄協同でし、約一二日で巣立

ちます。ある観察例では雛にはクモを最も多く与えていたとか。雄の囀りは美しく、オーシックツクと、ちょっとツクツクボウシの鳴き声に似たところがあります。

春や秋の渡りの時季には市街地の公園などでも見られ、秋季には昆虫だけでなく、カラスザンショウやマユミの実などもよく食べています。なお、種子島以南、南部琉球にかけての常緑広葉樹林には別の亜種リュウキュウキビタキ *F. n. owstoni* が留鳥として生息しています。

キビタキ（雄）

▼ムギマキ（麦蒔）*Ficedula mugimaki*　ヒタキ科キビタキ属、全長一三センチメートル、秋、少

雄は一見キビタキの雄に似て見えますが、腹面は橙褐色で黄色みが無く、眉斑も白くて小さいなど違っています。雌は腹面が橙黄色で、キビタキ雌の泥白色とは違っています。

江戸時代中期から「こつばめ」の名で知られており、江戸時代後期からムギマキとも呼ばれるようになり大正時代以降はもっぱらムギマキと呼ばれています。「こつばめ」の名は背面が黒くて喉が橙褐色のところがツバメに少し似て見えることによっているのでしょう。また、ムギマキ（麦蒔）は秋の渡り（十月上旬〜十一月下旬）は遅くて麦蒔きの時季頃だからでしょう。シーボルトが日本で入手した標本をもとにオランダ国立自然史博物館長テミンクが一八三五年に命名し記載しましたが、学名の種小名も *mugimaki* で、英名も Mugimaki Flycatcher（ムギマキヒタキ）と和名によっています。

シベリア中央高地南部からウスリーにかけてとサハリンで繁殖していて、中国南部やカリマンタン島（ボルネオ島）などに渡って越冬するとされ、日本には旅鳥として主に秋の渡りの時季に見られ、カラスザンショウやヤマハゼなどの実をよく食べています。

▼オオルリ（大瑠璃）*Cyanoptila cyanomelana*　ヒタキ科オオルリ属、全長一七センチメートル《センチメートル》、夏、普
ヒタキ類の中では大きくて、雄の背面は瑠璃色でその名があり、顔から胸、脇にかけては黒くて腹は白い。一方、雌の背面は灰褐色で腹面は白っぽく、雄の羽色とはまるで違っています。

室町時代には「るりてう」の名で知られ、江戸時代には「おほるり（大瑠璃）」と呼ばれるようになり、靛《てん》青雀《せいじゃく》や翠雀《すいじゃく》とも呼ばれました。瑠璃は仏典でいう七宝《しっぽう》の一つである青色の宝石のことで、雄の背面の色がそれに似ているというわけです。ちなみに学名の属名 *Cyanoptila* はギリシャ語で青い羽という意味で、種小名 *cyanomelana* もギリシャ語で青と黒の意味です。また、英名は Blue-and-White Flycatcher（青と白のヒタキ）です。

繁殖地は、アジア東部のアムール川流域・中国北部・朝鮮半島・日本と比較的狭く、二〜三亜種に分けられています。日本には基亜種のオオルリが夏鳥として渡来していて、九州以北、北海道にかけての低山帯から亜高山帯下部にかけての渓流沿いの森林でよく見られ、雄は突出した枯れ枝など目立つ場所に止まって、ピーリーリー、ホィヒーピピ、ピールリピールリ、ジェッジェッなどとまろやかな声で囀っています。その美しい鳴き声からウグイス、コマドリと共に日本三鳴鳥にされています。岩棚に苔で椀形の巣を造り、白い卵を四〜五個産みます。抱卵は雌だけでしますが、育雛は雄もします。雄の背面も遠くからでは黒っぽくしか見えず、腹が白いことからツバメのように見え、熊本県南部の球磨地方では「いわつばめ」とも呼んでいます。西山では春の渡りの時季（五月上旬）には囀りが聞かれ、昭和四十七年（一九七二）六月二十六日に金峰山サルスベリ二合目で営巣が確認されました。

▼サンコウチョウ（三光鳥）*Terpsiphone atrocaudata*　カササギヒタキ科サンコウチョウ属、全長一八―四五センチメートル《センチメートル》、夏、少

雄は著しく長い黒色の尾羽を有しています。ちなみに学名の種小名 *atrocaudata* は黒い尾羽を有するという意味です。幼鳥の雄の尾羽はそれほど長くありませんが、生後三年以上の雄の尾羽の中央の二枚は三〇センチメートル以上にもなります。五木村では雄の尾羽が長いことから「おながどり」や「おなが」とも呼んでいます。雄は頭から胸、脇にかけては紫色がかった黒色で、背は紫色がかった黒褐色で、腹は白い。眼の周囲と嘴はコバルト色で目立っています。雌の尾羽は長くなく、全体に淡色で、背は赤みが強い。

江戸時代前期から「さんこうてう（三光鳥）」の名で知られており、『本朝食鑑』（一六九七年）には、日日月星（ひひつきほし）と鳴くので三光鳥と呼ばれるとあり、『本朝文選（百鳥譜）』（一七〇五年）には、月日星（つきひほし）と鳴くからとしています。私には月日星《ツキヒホシ》ホイホイホイと聞こえます。雄だけでなく、雌も雄のようによく鳴きます。また、三光鳥のほかに烏鳳《うほう》や「をながどり」などとも呼ばれました。ちなみに英名は Black Paradise Flycatcher（黒い極楽ヒタキ）です。

ユーラシア大陸東側の日本・済州島・台湾・フィリピンのバタン島とミンドロ島などの島々に分布していて、三亜種に分けられています。日本には基亜種のサンコウチョウが夏鳥として渡来していて、九州・四国・本州の低山帯のよく茂った常緑広葉樹林や杉林で見られ、西日本に比較的多いようです。木の二股部に雌雄協同で、樹皮、蘚類などをクモの糸で固めてコップ形の巣を造り、五月下旬～七月上旬にかけて通常四卵を産みます。ヒタキ類にしては珍しく雄も抱卵し、約二週間（一二～一四日）で孵化、雛は八～一二日で巣立ちます。

秋の渡去前には数羽で群れているのが見られ、その頃には雄の尾羽の中央の長い二枚は抜けていて、雌ばかりの群れのようです。

なお、奄美諸島以南、琉球諸島にかけての常緑広葉樹林には別の亜種リュウキュウ

サンコウチョウ（雄）

サンコウチョウ *T. a. illex* が留鳥として生息しています。

アトリの仲間（スズメ目アトリ科）

木の実や芽、草本の種子などの植物食で、円錐形の頑丈な嘴を有し、イカルやシメの嘴は特に大きくて目立っています。

西山では、カワラヒワとイカルが年中見られるほかは冬鳥で、アトリ・マヒワ・ウソ・シメ・コイカル・ベニマシコのほか、イスカの古い記録もあります。どの種も春の渡去前には群れて目立ち、ことにアトリの群れは大きく、イカルやシメも数十羽の群れになることがあります。なお、コイカルは繁殖したこともあります。

▼アトリ（花鶏）*Fringilla montifringilla* アトリ属、全長一六センチメートル、冬、普

スズメより少し大きい、橙色に黒や白、灰色などが複雑に入り交じった美しい鳥で、日本には冬鳥として渡来し、渡来当初は山地の森林で大群をなしています。ちなみに学名の種小名 *montifringilla* は山の小鳥という意味です。

奈良時代からアトリの名で知られていて、記紀や万葉集にも出ています。その語源は、『大言海』では集鳥（あっとり）の略としています。『日葡辞書』には「あっとり」とあり、江戸時代には「あっとり」とアトリの呼び名が併用されていたようです。

季節が進むと、群れは山を下り、春先には低地の田畑でも大群が見られるようになります。ことに西日本での群れの規模は大きくて、植えた麦の種子は大丈夫だろうかと心配され、マスコミにも取り上げられて話

題になったこともあります。

日本での越冬期間約半年間の食性調査の結果は、植物質が九八パーセントを占めていたもののその大部分は木の実や草本の種子で、穀物は植物全体の約一四パーセントでした。それも越冬期間からすると収穫後に落ちこぼれたものがほとんどのようです。残る二パーセントの動物質は昆虫で、そのほとんどが農作物の有害虫であったことを考えると、アトリはむしろ農業上は有益鳥といえそうです。渡去後にユーラシア大陸北部の繁殖地で森林の有害虫を大量に捕食してくれているのはもちろんのことです。

春の渡去前には夏羽のものもいて、雄は頭から背にかけて黒くなり、喉から胸、脇にかけての橙色も鮮やかになっています。

▼カワラヒワ（河原鶸）*Chloris sinica* カワラヒワ属、全長一五センチメートル、年中、普

全身が緑褐色で、翼の黄斑は飛ぶと幅広の横帯となって目立ちます。雄は眼先から嘴基部にかけて黒く、雌は全体に淡色です。雛もハコベやタンポポなどの種子で育てる完全な植物食で、嗉嚢《そのう》という餌を入れる袋が発達しています。麻の実を好むことから熊本県内では「あさひき」とも広く呼んでいます。

安土桃山時代からカワラヒワの名で知られており、漢字では「河原鶸」と書きます。カワラ（河原）は冬季に群れがよく見られる場所ということでしょう。ヒワ（鶸）は「弱」と「鳥」の合字で、『大言海』は鶸は弱きにあらず、その形の繊小なる意としています。一方、鶸色（ひわいろ）とは『広辞苑』によると、鶸の羽のような黄緑色。黄色の勝った萌葱色《もえぎいろ》、とあります。要するに河原で冬季によく群れている黄緑色の若々しい感じがする小鳥ということでしょう。ちなみに中国名は金翅鳥で、翼の黄斑に注目した名になっています。なお、学名の種小名 *sinica* はシナ（中国）のことです。

アジア東部に分布していて、北方で繁殖しているものほど翼が長くて冬季には南方に渡る傾向があり、六

亜種に分けられています。日本にはそのうちの大小二つの亜種が江戸時代から認識されていて、大型のものを「おほかはらひは」、小型のものを「こかはらひは」と呼び分けていました。亜種オオカワラヒワ *C. s. kawarahiba* は大型で羽色が淡く、カムチャッカ半島や千島で繁殖していて、冬鳥として全国各地に渡来しています。それで冬季には個体数が増して目立つようになるのです。一方、亜種コカワラヒワ *C. s. minor* は小型で羽色が濃く、九州以北、北海道にかけて全国的に繁殖しています。雄は早春から木の梢でキリリコロロ、チョンチョンチョン、ビュイーンと木琴でも鳴らすような明るい声でのどかに鳴きます。巣は、杉やカイズカイブキ、ヒマラヤシーダなどの針葉樹のほか、河内町では蜜柑の木などにも造られていて、枯れた葉や茎、細根などで椀形に造られています。卵は三〜五個産み、約一二日の抱卵で孵化し、雛は約二週間で巣立ちます。巣造りから抱卵までは雌だけでし、雄は抱卵中の雌に餌を運んで来ます。育雛中に雄は嗉嚢いっぱいに餌を詰め込んでほぼ一時間に一回の割合で巣に運んで口移しに雌に渡します。ヒマワリを植えておくと種子を食べに庭などにもやって来ます。

▼マヒワ（真鶸）*Carduelis spinus* マヒワ属、全長一三センチメートル、冬、普

先述のカワラヒワより一回り小さくて黄色みが強く、ことに雄では顔から胸、腹にかけての鮮やかな黄色が目立っています。また、雄の頭頂と喉は黒く、下腹の脇には黒い縦斑があります。雌は全体に淡色で、頭頂も緑灰色で、腹面は黄白色で黒っぽい縦斑があります。

平安時代から「ひわ」の名で知られており、鎌倉時代には「ひは」とも書かれました。江戸時代前期にヒワ類が「まひは（真鶸）」「べにひは」「かはらひは」と区別されるようになりました。ちなみに漢名（中国名）は金翅や金糸雀です。

マヒワ（雄）
（ベナン《アフリカ中部》の郵便切手）

ユーラシア大陸の、西はヨーロッパ、東はウスリー川流域から中国東北部、サハリンと東西に離れて繁殖しており、日本でも本州中部以北、北海道にかけての針葉樹林で少数が繁殖しています。全国的には冬鳥で、渡来当初は山地の森林に群れていて、チュイーン、チュイーンと澄んだ声で鳴きながら杉の種子を啄んでいます。春の渡去前には低山帯の林に群れてコナラの花芽を啄んだり、地上に下りてセイヨウタンポポなどの草本の種子を啄んだりしています。

▼ウソ（鷽）*Pyrrhula pyrrhula* ウソ属、全長一六センチメートル、冬、普

嘴は黒くて短いが円錐形で太く、頭や翼、尾羽も黒く、体は灰色で、雄は頬から喉にかけての紅色が目立っています。雌は全体に褐色みを帯びていて、頬から喉にかけても灰褐色です。幼鳥は頭も黒くなくて体全体が灰褐色です。

鎌倉時代からウソ（鷽）の名で知られており、雄を「てりうそ（照鷽）」、雌を「あまうそ（雨鷽）」とも呼びました。ウソの語源は、鎌倉時代の辞書『名語記』（一二六八年）に、口にてふくうそに、かの鳥の音のあひたれば、うそといへるなりとあるそうです。要するに、うそ（嘯）とは口笛のことで、ヒッ、フッの地鳴きがうそ（嘯）＝口笛のようだからウソと名付けられたというわけです。ちなみに学名の属名や種小名の *Pyrrhula* はギリシャ語で炎色のことで、雄の頬の紅色に注目しています。

ユーラシア大陸の針葉樹林帯で広く繁殖していて、一一もの亜種に分けられています。日本では亜種ウソ *P. p. griseiventris* が本州中部以北、北海道の亜高山帯の針葉樹林で繁殖していて、それより南の地では冬鳥として見られているほか、サハリンで繁殖している雄の紅色が胸にまで及んでいる亜種アカウソ *P. p. rosacea* も冬鳥として全国的に渡来しており、カムチャッカ半島で繁殖している腹まで赤くて外側尾羽が白い亜種ベニバラウソ *P. p. cassinii* も冬鳥として少数が主に北海道や本州に渡来しています。冬季には小群をなし、低

亜種アカウソの雌（左）と雄（右）
2013年２月14日　花岡山で

ウソ（雄）

山帯の林で木の実を啄み、春先には梅や桜の花芽を好んで啄んでいます。それも花芽の根元の芯《しん》の部分だけを食べています。

西山の三ノ岳東側の尾根には毎年十月下旬にウソの群れがやって来ていて、東麓の山口地区では雄を「ひうそ」、雌を「あまうそ」とも呼び、雄の「ひうそ」は更に紅色部分の広さや濃さによって、紅色が目立つものから順に、そうてつ、ながれ、きりふ、の三段階に分けて呼んでいます。私はこの地区で亜種ベニバラウソはまだ確認していませんが、この三段階の呼び名が日本で確認されている三つの亜種に対応していそうで興味がもたれます。

〈「鷽替え神事」考〉

鷽替え神事は、菅原道真を祀る菅原神社や天満宮、天神社などで行われる祭日神事で、菅公のお使い鳥とされているウソの木彫りを祭日の夜に境内で参拝者同士が交換し合うもので、万治年間（一六五八〜一六六一年）に始まったとか。ウソが嘘と語呂が同じことから副次的に発生したようで、神前で一年の凶事を嘘にして清めて吉事に替えようとの願いが込められています。また、参拝者に紛れ込んだ神宮が持つ金ウソあるいは当り札と替え得た人はその年幸運を得るという開運を願っての富くじ的要素も含まれています。

福岡の太宰府天満宮での鷽替え神事が特に有名で、正月七日夜に行われています。ウソの雄は頰が赤くて緋鷽《ひうそ》とも呼ばれることから、これまた語呂合わせで火嘘《ひうそ》に発展解釈され、果てはウソの木彫りには火災防止の御利益があるとの意味が付加されて火災予防のお守りにされています。そのお守りとして前年に神棚に上げていたウソの木彫りを持参するのが正式ですが、昨今は専ら当夜に境内や神前で臨時に入手したものが用いられています。私が住んでいる熊本県内でも熊本市上通の手取菅原神社（四月二十五日夜）や上天草市大矢野町の登立菅原神社（七月二十四日夜）での鷽替え神事がよく知られています。

ところで学問の神様として崇められている菅原道真公とウソとは一体どんな関係があるのでしょうか。一説には菅原道真公が海で遭難しそうになられたときにウソの先導によって一命をとり留められたとか。また、別の説ではウソがクマバチの襲撃から菅原道真公を守った、などと言い伝えられています。しかし、山林にすむウソが海上で水先案内をしたり、植物食のウソがクマバチを撃退したりするのはなんとも変な話でウソっぽい。それで、ウソは花木の花芽を好んで食べることから菅原道真公が生前愛していたといわれる梅の木との関係で考えるのが自然で合理的のようです。

東風《こち》吹かば　匂ひ起こせよ　梅の花　主なしとて　春な忘れそ

これは、菅原道真公が、左大臣藤原時平の讒言《ざんげん》によって太宰府に左遷される延喜元年（九〇一）に邸内の梅の木に向かって詠んだという有名な惜別の和歌です。それで後にその梅が菅原道真公を慕って太宰府天満宮の境内に飛来したという飛梅伝説が生まれ、梅は菅原神社や天満宮、天神社などのシンボル木になっています。花木の花芽を好むウソが春にいち早く咲く梅の木が多い天満宮の境内にかつて多く飛来し

ウソの木彫り

ていたことは想像に難くなく、それでウソは菅公のお使い鳥とされたのでしょう。現在は梅といえば鳥はウグイスという組み合わせが一般的ですが、ウグイスが梅の木を特に好むということは無くて単に春の季語の花、鳥それぞれの代表的なものを並べた程度にすぎません。梅の木には鳥はウソの方が生態上からも見た目にも相応しく、季語としても適していると思いますが、このことも併せて如何でしょうか。

▼シメ（鴲）*Coccothraustes coccothraustes*　シメ属、全長一八センチメートル、冬、普

一見イカルの幼鳥やコイカルの雌と似て見えますが、腮《さい》（喉の上部）が黒く、全体に褐色みが強くて体は太り気味で尾羽も短くずんぐりした感じです。また、太く短い円錐形の嘴は冬羽では淡い灰褐色ですが、夏羽では青灰色になります。嘴の挟む力は強くて人がリンゴを噛《か》む時の力と同じくらいある（三〇～五〇キログラム）といわれています。ちなみに学名の属名や種小名の *coccothraustes* は穀物を打ち砕くという意味で、漢名（中国名）は鉄嘴です。なお、熊本県の北部（山鹿・鹿本）では「まめわり（豆割）」とも呼んでいます。

　奈良時代から「ひめ」や「しめとり」の名で知られていて、平安時代にはシメとも呼ばれ、江戸時代以降は専らシメと呼ばれています。シメの「シ」は飛ぶときに発するシーの鳴き声で、「メ」はスズメやツバメのメ同様に鳥を表す接尾語とみられています。

　ユーラシア大陸の中緯度域とアフリカ大陸北部で広く繁殖していて、四～五亜種に分けられています。日本では亜種シメ *C. c. japonicus* が北海道と本州中部以北の一部で繁殖しており、本州以南・四国・九州では冬鳥として見られるほか、北海道や本州中部以北では基亜種のシベリアシメも冬鳥として見られます。冬季には市街地の公園などでも普通に見られ、ムク

シメ
（ブルガリアの郵便切手）

ノキやエノキなどの実や、春先には梅や桜の花芽などの植物質のほかミノムシなども食べています。単独のことが多いが、渡来当初や渡去前には群れも見られます。チチッやツツッとかキチッなどと鋭い声で短く鳴き、また飛びながらシーとかスイーという声も発します。

▼イカル（桑鳴）*Eophona personata*　イカル属、全長二三センチメートル、年中、普

日本産アトリ科鳥類中最大で、ムクドリくらいの大きさがあります。灰色の体に頭と翼と尾羽が黒く、黄色の太い円錐形の嘴が目立っています。ちなみに学名の種小名 *personata* は仮面を冠《かぶ》っているという意味です。幼鳥は頭部が黒くなくて体全体が褐色みを帯びています。

奈良時代から「いかるが（鵤・斑鳩）」の名で知られていて、室町時代にイカル（鵤）と呼ばれるようになるとともに「まめまはし」とも呼ばれ、江戸時代には「まめまはし」と呼ばれることが多かったようです。明治時代の鳥類目録にはイカルと「まめまわし」の呼び名が並記されており、大正時代にイカルに統一されました。

ところで当初の「いかるが（鵤・斑鳩）」の語源は、『大言海』では嘴は、太く、短く、円錐形にして端内に曲がるので、稜起用（いかるかど）の下略か、としています。「鵤」の字は、角質の強大な嘴を有する鳥という意味で作られた国字で、ちなみに漢名（中国名）は蠟嘴です。一方、「斑鳩」は、本来ジュズカケバトの漢名（中国）でして誤用です。それで後には鳥の「いかるが」には鵤の国字が用いられ、イカルが多くいたとみられる奈良県生駒郡の法隆寺付近の地名いかるがの里（斑鳩町）には現在でも斑鳩の漢字が用いられ続けています。

アジア東部で繁殖していて、二つの亜種に分けられています。日本では小型で嘴も小さめの基亜種のイカルが、九州以北、北海道にかけての山地の森林で繁殖しています。杉や檜の植林地などでも繁殖しています

が、行動圏が広くて、しかも、巣は地上五～七《メートル》の高い枝上に造られていますので繁殖の実態がつかみにくい鳥の一つになっています。雌が抱卵して約二週間で孵化、雄は抱卵中の雌に一日に三～四回餌を運んで来ます。なお、雌が巣を離れるときには雄も一緒に行動するとか。

冬季には群れてムクノキやエノキなどの実を求めて集落などにもやって来ます。雄も雌も同じような声でキーコーキーとかキョッキョッなどと鳴きます。その鳴き声を江戸時代にはツキーヒーホシー（月日星）と聞き做して「さんこうちょう（三光鳥）」と呼んでいる地方（南部）もあったとか。

▼コイカル（小桑鳲）*Eophona migratoria*　イカル属、全長一九《センチメートル》、主に冬、少

雄はイカルと似ていますが、小さくて全体に褐色みを帯び、特に脇の褐色は目立っています。嘴も橙色がかり、先端部や縁は青黒くしています。また、初列風切と次列風切の先端部が白くて飛ぶと翼の後縁に白帯となり、翼をたたむと先端部がかなり広く白くなり、イカルとの区別点になります。雌は全体に淡色で、頭部も黒くなくて背面と同じ色をしていてシメのようですが腮《さい》（喉の上部）は黒くなく、脇が鮮やかな褐色をしていますので区別できます。

江戸時代中期に飼鳥として移入され「しまいかる」とか「しまいかるが」などと呼ばれていましたが、江戸時代後期からコイカルと呼ばれるようになりました。

アムール・ウスリー両河川流域から中国東北部、朝鮮半島などで繁殖していて、二つの亜種に分けられています。日本では、基亜種のコイカルが主に冬鳥として全国的に渡来して西日本で比較的多く見られます。低地から山地にかけての落葉広葉樹林に群れをなし、ムクノキやエノキ、センダンなどの実を食べています。集落や市街地にもやって来ますが、分布は比較的局地的で、熊本市水前寺（一九八〇年）や島根県（一九八二

イカル

年）では繁殖が知られています。

〈イカルとシメ〉

イカル（右下）とシメ（左上）
2010年12月31日　花岡山で

私は小学生の頃にはイカルとシメは同じ種類でイカルが雄、シメが雌だとばかり思い込んでいました。長じて鳥類図鑑で調べてみてもその違いはイカルの親子やコイカルの雌雄の違いしかありません。それで、『万葉集』巻一に「…宮の前に二つの樹木あり　この二つの樹に斑鳩《いかるが》（イカル）と比《ひ》米《め》（シメ）と二つの鳥大《いた》く集まれりき…」とあり、巻十三に「近江の海　泊八十《とまりやそ》あり…末枝《ほつえ》に黐《もち》引き懸け　中つ枝《え》に　斑鳩（イカル）懸け　下枝《しづえ》に比米（シメ）を懸け　己《し》が母を　捕《と》らくを知らに　己《し》が父を　捕《と》らくを知らに　いそばひをるよ　斑鳩（イカル）と比米（シメ）と」とあってイカルとシメを囮《おとり》を使って捕ろうとしていることが詠まれていることを知ったときには日本人の観察眼の鋭さを改めて思い知らされたものです。

▼ベニマシコ（紅猿子）*Uragus sibiricus*　ベニマシコ属、全長一五センチメートル、冬、少

嘴は短くて、太りめの体に尾羽が長めでちょっとエナガの体形と似ています。雄は全体に赤っぽくて、特に胸から腹にかけての紅色と顔の銀白色が目立っています。雌は全体が淡黄褐色で赤みは無く、雌雄ともにある翼の二条の白帯だけが目立っているくらいです。

江戸時代中期からベニマシコの名で知られており、「さるましこ」や「てりましこ」「こましこ」などとも

呼ばれました。ベニマシコの「ベニ」は紅で「マシ」はサルの古名、「コ」は子で小さいことを意味しており、サルの顔や尻のように赤い小鳥ということです。ちなみに英名はLong-taild Rosefinch（尾羽が長いバラ色をした種子食の小鳥）です。

アジア東部で繁殖していて、五亜種に分けられています。日本では亜種ベニマシコ *U. s. sanguinolentus* が北海道で繁殖していて、本州以南の地には冬鳥として渡来しています。冬季には低地から山地にかけての小川両岸の枯れ草の茂みによくいて、単独か小群で草本の種子を啄んでいます。あまり人怖じせずにフィッフィッと柔らかくてよく透る声で鳴いています。

▼イスカ（交啄）*Loxia curvirostra*　イスカ属　全長一七センチメートル、冬、希

嘴は太くて湾曲しており、先端は左右にくい違っています。雄は翼と尾羽の黒褐色を除き赤くて、雌は雄の赤色部が黄緑色で、腹面には不明瞭な黒っぽい縦斑があります。

室町時代からイスカ（鶍）の名で知られており、江戸時代には雄を「あかいすか」や「べにいすか」、雌を「あをいすか」や「きいすか」「みどりいすか」などと区別しても呼んでいました。イスカの語源は、『大言海』では（嘴の）佷《いすか》し（ねじけている）の語根としています。つまり、嘴が湾曲して上下が交差していることによっているということです。ちなみに学名の種小名 *curvirostra* は曲がった嘴という意味で、英名Crossbillも交差した嘴という意味です。ところでイスカ表記の「鶍」は、イスカをモズ（鵙《げき》）の仲間と誤解して作られた国字で、どこまでもねじけているのです。

ユーラシア・北アメリカ両大陸で広く繁殖していて、一一もの亜種に分けられています。大部分は留鳥ですが、北方で繁殖したものの中には年によって放浪的な大移動するものがいることが知られています。日本では亜種イスカ *L. c. japonica* が主に冬鳥として全国的に渡来していて、針葉樹林で松などの堅果を独特の左

右に交差した嘴でこじ開けて種子を食べています。なお、北海道と本州（青森・岩手・山梨・長野・鳥取）で繁殖も知られています。繁殖はほぼ年中していて、アカマツに営巣し、夏季には梢近くに、冬季には地上五メートルくらいの高さに巣造りするとかで、長野では厳寒期に営巣したものの親鳥が巣を離れている間に雛が凍死してしまったとか。巣造りと抱卵は雌だけでし、雄は抱卵中の雌に一日に五～八回餌を運んで来るそうで、約二週間で孵化し、雛は約一か月で巣立つそうで、幼鳥の嘴が曲がり交差するのは自ら餌を採るようになってからとのことです。

イスカ（雄）（剝製標本）

イスカ（雄）
（ユーゴスラビアの郵便切手）

西山では金峰山人参園係の永井宇七兵衛が捕らえた猩々いすか（イスカの雄?）一羽を天明二年（一七八二）三月に世子治年が江戸出府の折に将軍へ献上するために持参したとの記録が残っています。

ホオジロの仲間（スズメ目ホオジロ科）

円錐形の嘴を有する種子食のスズメ大の小鳥で、雄は頭部に特徴があり、雌はどの種もよく似ています。雌雄とも体は褐色に黒い縦斑があり、尾羽は長めでクロジのほかは両側が白くて飛んだときによく目立ちます。

ホオジロの仲間は、奈良時代には区別されずに「しとと」と総称して呼ばれていました。その語源はよく分かりませんが、日本産鳥類の和名の多くが鳴き声に由来していることから「しとと」も鳴き声によっているのではないでしょうか。ホオジロの仲間の地鳴きは、現在ではホオジロが「チチッ」と二声連続で、ほかの仲間は「チ、チ」と一声ずつ鳴くと専ら表記していますが、奈良時代には「シ、トト」と表記していたのではないかということです。

平安時代になるとホオジロの仲間は、「みことり」や「かうないしとと」などとも呼ばれました。それらの語源は、『古語拾遺』の最後の章に「大地主神《おほなぬしのかみ》、片巫《かたかむなぎ》、志止々《しとと》鳥をして占を求めしむ」とあることから巫《みこ》の鳥占い（内容や方法の詳細は不明）に「しとと（ホオジロの仲間）」が用いられたことによっているようです。要するに巫《みこ》の鳥占いに用いる鳥だから「みことり（巫鳥）」で、もう一つの「かうないしとと」の「かうない」は「かむなぎ（巫）」の音便で、「かむ」は神、「なぎ」はなごめるという意味で、要するに神の心を音楽や舞などで和やかにして神意を求める人、つまり巫《みこ》のことで「みことり（巫鳥）」と同意語です。「かたかむなぎ（片巫）」も「しとと（ホオジロの仲間）」の異名で巫《かむなぎ》の傍にいる鳥ということでしょう。「しとと」には平安時代から「鵐」の国字が充てられていますが、これは巫と鳥を合わせた字形になっています。

室町時代になると「あをじとと（アオジ）」と「ほほじろ（ホオジロ）」が区別して呼ばれるようになり、江戸時代には「あをじとと」が「あをじ」と略され、更に「くろじとと（クロジ）」、「みやまほほしろ（ミヤマホオジロ）」カシラダカと現在のように区別して呼ばれるようになりました。

西山にはホオジロだけが留鳥として生息していて、ミヤマホオジロやアオジ・クロジ・カシラダカが冬鳥として渡来し越冬しています。

▼ホオジロ（頬白）*Emberiza cioides* ホオジロ属、全長一七センチメートル、年中、普

一見スズメに似て見えますが、尾羽が長めで、全体的に赤みが強く、顔の白い頬と幅広の白い眉斑が目立っています。また、飛ぶと尾羽の両側が白くて目立ちます。耳羽は雄では黒く、雌は褐色で全体的に淡色

で鈍い感じです。

日本全国の草原や低木疎林、農耕地など開けた明るい場所で普通に見られます。雄は繁殖期になると見晴らしの良い高い場所に止まってよく透る声で縄張(テリトリー)を宣言して鳴きます。その鳴き声は「一筆啓《いっぴつけい》上《じょう》仕《つかまつ》り候《そうろう》」とか「源平《げんぺい》つつじ白《しろ》つつじ」などと古くから聞き做されて賞翫《しょうがん》されています。巣は、ススキの株の間や低木の枝上に枯れた草本の茎や葉、細根などで椀形に造られ、灰白色の地に黒褐色や赤褐色の条斑や小斑がある卵を三~五個産みます。巣造り、抱卵は雌だけでし、約一一日で孵化します。その間に雄は縄張(テリトリー)を宣言して鳴いているだけですが、育雛は雄もし、雛は約一一日で巣立ちます。河内町では蜜柑の木によく営巣していました。

草本の種子のほか昆虫なども食べ、冬季にはよく数羽で群れていてチチッ、チチッと鳴いています。熊本県内では「しとと」とも広く呼ばれていて、相良村では「ましとど」や「のしとと」とも呼んでいました。

▼ミヤマホオジロ(深山頰白) *Emberiza elegans* ホオジロ属、全長一六センチメートル、冬、普

ホオジロより少し小振りで、雌雄ともに冠羽があります。雄は頭頂と眼先から頰にかけてと、胸の三角形をした横帯が黒く、それらに挟まれる幅広の眉斑と喉の黄色との配色が鮮やかで目立っています。雌は全体に淡色で、胸の黒色横帯は無くて、頭頂や眼先から頰にかけての部分は褐色を帯びています。熊本県南部の球磨地方では「みやまかぶと」や「きんしとど」(相良村)、「きんたて」(山江村)、「かぶとかぶり」(五木村)などとも呼んでいました。ちなみに学名の種小名 *elegans* は上品という意味です。

江戸時代前期から「みやまほほしろ」の名で知られていて、江戸時代中期からミヤマホオジロ(深山頰白)

ホオジロ(雄)

と呼ばれるようになりました。

アジア東部の亜寒帯の低木林や草原で繁殖していて、三亜種に分けられています。日本にはアムール川流域から中国北東部、朝鮮半島にかけて繁殖している基亜種のミヤマホオジロが主に冬鳥として渡来していますが、対馬でも少数が繁殖しているほか、九州北部や広島県内での繁殖も知られています。朝鮮半島を経由して渡来しているために西日本で多く見られます。深山（みやま）の名に反して低山の疎林や竹藪などに数羽で群れて草本の種子を啄んでいます。夏季には見られなくなるので深山（みやま）にひっ込んでいるとでも思われたのでしょうか。

▼アオジ（青鵐）*Emberiza spodocephala*　ホオジロ属、全長一六センチメートル、冬、普
ホオジロを全体に黄緑色にしたような感じで、背面は緑色、腹面は黄色みが目立っています。雄は眼先が黒く、雌は全体に淡色で淡黄色の眉斑があります。

室町時代から「あをじとと」の名で知られていて、江戸時代にそれが簡略化されて「あをじ（青鵐）」となり現在に至っています。

アジア東部の亜寒帯から温帯にかけて繁殖していて、三亜種に分けられています。日本では亜種アオジ *E. s. personata* が本州中部以北、北海道で繁殖していて、それより南の地では冬鳥として見られています。市街地の公園や人家の庭などにも普通にやって来ますが、単独のことが多く、暗い場所を好んでいつも茂みの中にいますので姿はよく見られませんが、チッ、チッという地鳴きで存在に気づかされます。春の渡去前には目立つ枝に止まっての小声ながら複雑で美しい囀りも聞かれます。茂みにいることが多いことから相良村では「やぼしとと（藪鵐）」や「やぼっちょ」などとも呼んでいました。

▼クロジ（黒鵐）*Emberiza variabilis*　ホオジロ属、全長一七センチメートル、冬、普

雄は全身が煤けたように黒っぽくて、外側尾羽にも白色部は無くてその名があります。雌は全体に褐色みを帯びていて黄褐色の頭央線と眉斑があってまるで違っています。日本産のホオジロの仲間では最も大きいが個体差があり、雌が一般的に少し大きい。ちなみに学名の種小名 *variabilis* は変化があるという意味です。江戸時代中期からクロジ（黒鵐）の名で知られていて、大型のものを「おほくろじ」、小型のものを「こくろじ」と区別して呼ぶこともありました。

繁殖地は、カムチャッカ半島南部・サハリン・千島・日本と比較的狭く、日本では本州中部以北と北海道の森林で繁殖していて、本州南部や四国、九州には冬鳥として渡来しています。冬季にはアオジ同様によく茂った暗い林や竹藪の地上で草本の種子などを単独で採餌していて、チッ、チッという地鳴きで存在に気づかされることが多い。

クロジ（雄の若鳥）
2013年3月22日　花岡山で

▼カシラダカ（頭高）*Emberiza rustica*　ホオジロ属、全長一五センチメートル、冬、普

誤解を招きそうな紛らわしい名で、タカ類ではありません。短い冠羽を有し、緊張したり警戒した時などによく逆立てることから〝頭高《かしらだか》〟の名で江戸時代前期から知られています。雌雄とも一見ホオジロの雌と似て見えますが、灰色の頭央線があり、胸には褐色の横帯があるなど違っています。

ホオジロの仲間では繁殖地が広く、ユーラシア大陸北部で広く繁殖しており、二つの亜種に分けられています。日本ではアジア東北部で繁殖している亜種カシラダカ *E. r. latifascia* が冬鳥として渡来しています。本州以南・四国・九州の農耕地や草原、低木疎林などに数羽から数十羽で群れ、草本の種子などを採餌して

カシラダカ（夏羽）
1977年3月29日　天水町で

いてチッ、チッと細い声で鳴きます。ちなみに学名の種小名 *rustica* は田舎《いなか》という意味で、中国名は田鵐です。春の渡去前には夏羽も見られ、雄は頭上と耳羽が黒くなっています。これは羽毛が抜け換わったのではなくて冬羽の先端部が磨耗して内側の黒い部分が裸出したためです。また、渡去前にはちょっとヒバリの囀りを思わせる、細い声での囀りも聞かれます。

水辺の鳥

里山に降った雨水は、地中にしみたり、地表を流れ下って山麓に集まり、川となり、やがては海に注いでいます。人は生活用水が得易い場所に住み、そのように水が集まる場所は、野鳥にとっては水を飲んだり、水浴びするのに重要で、特に水鳥にとっては採餌場にもなっています。セキレイ類やサギ類、カワセミの仲間などが見られます。

セキレイ類（スズメ目セキレイ科）

スズメ大のスリムで長めの尾羽を有するスマートな鳥で、嘴や足も細く長めで後趾（第一趾）が長い。セキレイの呼び名は奈良時代からあったようで、漢名（中国名）「鶺鴒」を音読みにしてのことです。室町時代には「いしたたき（石叩き）」とも呼ばれました。これは地上で尾羽をよく上下動させることによっており、この独特の動作から記紀の創世神話では伊弉諾尊《いざなぎのみこと》と伊弉冉尊《いざなみのみこと》（誘《いざな》う男女神の意）に性教育（国づくりの術）を指導したことになっています。飛ぶときは大きな波形を描いてよく鳴きます。

河川流域では下流域にハクセキレイ、中流域にセグロセキレイ、上流域にキセキレイと大まかに棲み分けており、冬季にはキセキレイは下流域の集落にもやって来ます。また、冬季には森林性のビンズイは松林でよく見かけ、河内町の蜜柑畑ではイワミセキレイも見られています。

▼キセキレイ（黄鶺鴒）*Motacilla cinerea*　ハクセキレイ属、全長二〇センチメートル、年中、普

胸から腹にかけて黄色くて、江戸時代前期からキセキレイ（黄鶺鴒）の名で知られています。しかし、学名

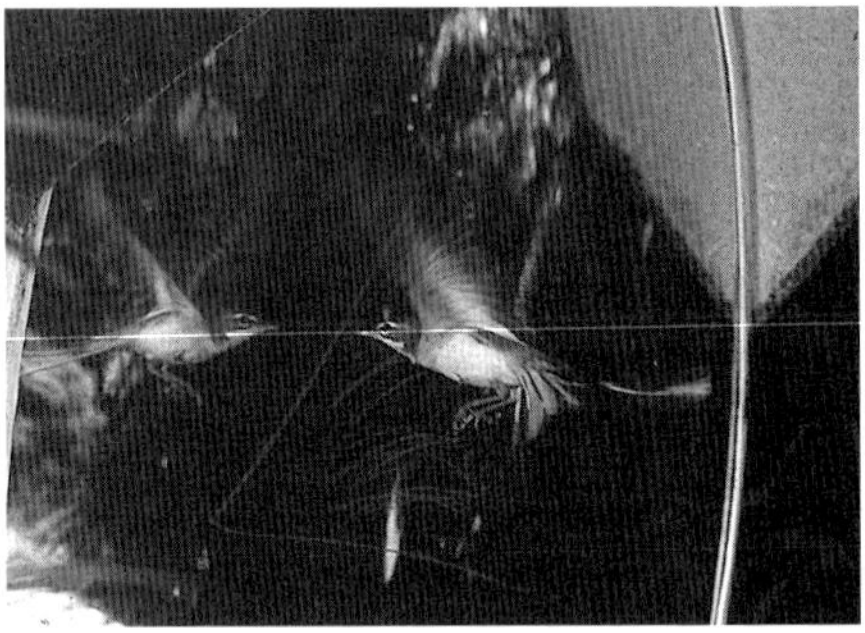

カーブミラーの己の像を攻撃するキセキレイ
1990年11月18日　貢町で

キセキレイ（雄、夏羽）（ラオスの郵便切手）

の種小名 *cinerea* は灰色の意で、中国名は灰鶺鴒、英名も Grey Wagtail（灰鶺鴒）で、いずれも背面の灰色に注目した名になっています。

　ユーラシア大陸で広く繁殖していて、五亜種に分けられています。日本では基亜種のキセキレイが九州以北、北海道に留鳥または漂鳥として生息していて、北海道や本州で繁殖したものは冬季には南の暖地に移動して越冬しています。繁殖を終えるといったん高地に移って夏季を越します。セキレイ類の中では最も上流域まで見られますが、秋の深まりとともに山を下りて低地の水辺にも姿を見せるようになります。このような生活型から、平安時代から〝いなおほせどり〟と呼ばれている謎の鳥の正体はキセキレイであるとの有力説が江戸時代にでました。つまり、稲刈の頃に稲田にやって来て稲刈を課《おほ》す（催足する）鳥という意味で、キセキレイにぴったりというわけです。キセキレイにとって稲刈後の刈田は格好の採餌地になっています。

▼ハクセキレイ（白鶺鴒）*Motacilla alba*　ハクセキレイ属、全長二一センチメートル、年中、普

　白黒のセキレイで、江戸時代中期からハクセキレイの名で知られていて、「しろせきれい」や「はじろせきれい」「うすせきれい」などとも呼ばれました。ちなみに中国名も同じく白鶺鴒で、英名も White Wagtail（白鶺鴒）で、学名の種小名 *alba* はラテン語で白を意味しています。

ユーラシア大陸で広く繁殖していて、顔の過眼線の有無や背面の濃淡などによって、一一～一二もの亜種に分けられています。日本では従来、黒い過眼線がある亜種ハクセキレイ *M. a. lugens* が本州中部以北、北海道で繁殖して、本州南部・四国・九州には冬鳥として渡来していましたが、一九七〇年代初頭から繁殖地が南方に拡大していて私が住んでいる熊本県内でも平成になってから留鳥化が進んで繁殖も見られるようになりました。

日本で初めて営巣が確認された亜種ホオジロハクセキレイ
1968年4月20日　球磨郡相良村柳瀬西村で

一方、過眼線が無くて顔全体が白く、背面は冬季にも黒い亜種ホオジロハクセキレイ（頬白白鶺鴒）*M. a. leucopsis* は台湾・朝鮮半島・中国東北部・アムール川流域などで繁殖していて、従来、日本では渡りの時季にまれに見られる迷鳥とされていました。しかし、私は、昭和四十三年（一九六八）に熊本県南部の球磨郡相良村の球磨川右岸の川原で、大きい石の隙間に営巣しているのを日本で初めて確認しましたし、その後、石川や和歌山などでも繁殖が確認されています。このようにいわば北方系の亜種ハクセキレイの南下と南方系の亜種ホオジロハクセキレイの北上、今後両亜種の関係がどうなるか目が離せません。

なお、このほかにも渡りの時季に亜種ニシシベリアハクセキレイ *M. a. dukhunensis*、亜種メンガタハクセキレイ *M. a. personata*、亜種ネパールハクセキレイ *M. a. alboides*、亜種シベリアハクセキレイ *M. a. baicalensis*、亜種タイワンハクセキレイ *M. a. ocularis* なども見られています。

▼ビンズイ（便追・木鷚）*Anthus hodgsoni* タヒバリ属、全長一六センチメートル、冬、普

背面は緑褐色で不明瞭な褐色の軸斑あり、腹面は淡黄色の地に黒褐色の幅広い縦斑があって顔の黄白色の眉斑とともに目立っています。

江戸時代中期からビンズイ（便追）の名で知られていて、「きひばり」とも呼ばれました。ビンズイの名は、雄の囀りの中にビンビンツィーツィーという音節があることによっています。また「きひばり」は、木に止まってヒバリと似た鳴き方をするからでしょう。ちなみに中国名は樹鷚です。

ユーラシア大陸のおよそアルタイ山脈以東の温帯から亜寒帯にかけて広く繁殖していて、二つの亜種に分けられています。日本では基亜種のビンズイが、北海道・本州・四国・九州の山地で繁殖しています。九州では平成十四年八月十六日に阿蘇高岳北尾根の岩陰（一四五〇メートル）で三羽の雛が入った巣が発見されました。冬季には低地にも漂行し、松林でよく見かけることから子供の頃には「まつひばり」と呼んでいました。庭に大きい黒松が数本あって、十月中旬から五月中旬にかけて見られました。地上を歩いて採餌し、警戒すると飛び立って木の枝に止まり、ヅィーヅィーとよく鳴き尾羽を上下動させます。

ビンズイ　1990年11月12日　小萩園で

▼イワミセキレイ（岩見鶺鴒）*Dendronanthus indicus* イワミセキレイ属、全長一六センチメートル、冬、少

背面は暗緑褐色で、腹面は白っぽく、黒い翼にある幅広い二条の白帯と胸の黒い独特の二条の横帯が目立っています。

江戸時代中期から「いはみせきれい（岩見鶺鴒）」の名で知られていて、「みやませきれい（深山鶺鴒）」や「よこふりせきれい」とも呼ばれました。イワミセキレイの名は、石見《いわみ》の国（現在の島根県西部）で最初に知られたのでしょう。「みやませきれい（深山鶺鴒）」は森林性であることからで、「よこふりせきれい」はほかのセキレイ類と異なり、尾羽を左右に振ることによっています。ちなみに英名はForest wagtail（森林性のセキレイ）で、学名の属名 *Dendronanthus* もギリシャ語で木のセキレイという意味です。なお、種小名 *indicus* はインドで最初に発見されたことによっています。

極東で繁殖していて、冬季にはインドやインドシナ半島、東南アジアの島々などに渡るとされています。

イワミセキレイ　1972年12月31日　河内町尾跡で

日本では従来、渡りの時季にまれに見られるだけでしたが、昭和四十六年（一九七一）に福岡で繁殖が確認され、その後、島根・鳥取でも繁殖が確認されました。四～七月に、高木の水平に伸びた枝上に枯れた草本の葉や茎、苔などをクモの糸で固めて椀形の巣を造り、通常四卵を産み、雌が抱卵、育雛は雌雄協同でするとか。

西山では昭和四十七年（一九七二）十二月三十一日に河内町尾跡の密柑畑で一羽が初めて確認され、その後も昭和五十六年（一九八一）三月まで同町の密柑畑で毎年冬鳥（九月～三月）として、最大三羽（一九七五年二月二十二日、白浜）が見られています。密柑畑の地上を歩いて採餌していて、警戒すると木によく止まってギーック、ギーックと濁った声で鳴きます。

カワガラスとミソサザイ（スズメ目）

▼カワガラス（河烏）*Cinclus pallasii*　カワガラス科カワガラス属、全長二二センチメートル、冬、少

全長が黒褐色のムクドリ大の太り気味の鳥で、尾羽は短くて足は長めで丈夫そうです。幼鳥には全身に白斑があります。

江戸時代前期から「かはがらす（河烏）」の名で知られていて、「さはがらす」とも呼ばれました。全身が黒っぽいから〝カラス〟の名が付いたのでしょうが、カラス類ではありません。

カワガラス　1969年12月21日　人吉市の球磨川で

日本のほか、中国や台湾などアジア東部の温帯から亜寒帯で繁殖していて、二～四亜種に分けられています。日本には基亜種のカワガラスが、屋久島以北、北海道にかけての渓流に留鳥として生息しています。小鳥（スズメ目）では唯一潜水ができ、川底を歩いたり、翼で泳いだりして水生昆虫の幼虫や小魚、サワガニなどを捕食しています。防水のための尾羽の基部にある脂肪腺は特に大きく発達しています。渓流上を低くビッビッ…と力強く鳴きながら矢のように飛んだり、岩上で尾羽を上げてピクッピクッと動かしたり、翼をパッパッと半開きにしたりと、一時もじっとしていない実に忙しげな鳥です。

成鳥は年間を通してほとんど移動しませんが、幼鳥は初冬に分散するようで、冬季には日頃はいない渓流でも見かけることがあります。西山では河内川の鼓ヶ滝から平橋間の肥後耶馬渓と呼ばれている区間で十月中旬から四月上旬にかけて、一、二羽（一九七七～一九七九年）見られています。

▼ミソサザイ（鷦鷯）*Troglodytes troglodytes*　ミソサザイ科ミソサザイ属、全長一一センチメートル、冬、普

スズメより一回り小さい全身が暗褐色の小鳥で、背面や尾羽には細かい黒褐色の横斑があります。

奈良時代から「ささき」や「さざき」の名で知られていて、平安時代には「さざい」、室町時代にはミソサザイ、「みぞさんざい」などとも呼ばれました。当初の「ささき」の語源は、『東雅』では「ささ」は小さいの意で、「き」は鳥を示す接尾語で、小鳥の意としています。「みぞさんざい」の「みぞ」は溝（小川）で、それが「ミソ」に転じたようです。それが江戸時代には味噌と誤解され、果ては冬季に人家近くにもやって来ることから味噌を盗みに来ると噂され、「みそぬすみ」（奥州）や「みそっとり」（西国）、「みそっちょ」（肥後）などの方言名も生まれました。

ユーラシア・北アメリカ両大陸の温帯から亜寒帯にかけて広く繁殖していて、二六～三七もの亜種に分けられています。日本には種子島以北に四亜種が生息しており、九州本島には亜種ミソサザイ *T. t. fumigatus* が留鳥ないし漂鳥として生息しています。渓流の源流域の湿り気が多い森林で繁殖していて、繁殖期に雄は体の割に大きくよく透る高い声でチリリリリ…とかピールルル…などと複雑に囀って縄張（テリトリー）を宣言しています。一夫多妻制で、雄は岩や倒木の根のくぼみなどに苔で入口が横にある球形の巣の外側部分を造り、雌が内側（産座）部分を造って完成させます。一腹卵数（クラッチサイズ）は三～六個で、抱卵や育雛は雌だけでし、一六～一七日で孵化し、雛は一七～一八日で巣立ちます。

冬季には低地の集落にも漂行し、地上近くの暗がりを短い尾羽を立ててネズミのようにチョロチョロ移動しながらチョッ、チョッ、チョッとウグイスの笹鳴きに似た舌打ちをするような鳴き方をしています。

ミソサザイ
（ブルガリアの郵便切手）

ヤマシギ（山鷸）*Scolopax rusticola*　チドリ目シギ科ヤマシギ属、全長三四センチメートル、冬、少

真っ直な長い嘴を有する赤褐色のずんぐりした太り気味のシギで、タシギをキジバト大に太らせた感じです。頭は角ばり、大きい眼は頭の後ろ寄りにあってとぼけたような顔つきになっています。額は灰色で頭頂から後頸にかけて黒褐色の幅広い四条の横帯があります。

室町時代からヤマシギ（饅頭）の名で知られており、江戸時代に山鷸や山鴫の漢字が充てられ、また「ぼとしぎ（毋登鴫）＝太ったシギの意か?」とも呼ばれました。

ユーラシア大陸の中北部で広く繁殖していて、日本では本州中部以北と北海道の森林で繁殖しており、本州南部や四国、九州では冬鳥として見られます。夜行性で、昼間は雑木林や竹藪などに潜んでいて夕方から近くの田畑などで単独でミミズや昆虫などを捕食しています。割と身近かにいても人目に留まることが少なく、西山では蜜柑畑でときに見かけます。英名はWoodcock（Wood《木》＋cock《おんどり》）です。

ヤマシギ　1980年12月22日　高橋町で

カワセミの仲間（ブッポウソウ目カワセミ科）

河川流域では、カワセミが下流域に、ヤマセミが中流から上流域にかけてそれぞれ年中生息し、アカショウビンが源流域の森林に夏鳥として渡来しており、大まかな棲み分けが認められます。カワセミとヤマセミ

は岸辺の土質の崖に横穴を、アカショウビンは朽ち木に穴をそれぞれ長大な嘴で掘って営巣しています。

　西山では、カワセミは河内川や井芹川、山麓の湧水池などで年中見られ繁殖もしています。ヤマセミは主に冬季に河内川とその河口の有明海沿岸や、外輪山東麓の西浦川や湧水池などで見られますが、すみついてはいないようです。アカショウビンは春の渡りの時季には自宅でも花岡山や万日山からの鳴き声が聞けますが、一時的で繁殖はしていないようです。

▼カワセミ（翡翠）*Alcedo atthis* カワセミ属、全長一七センチメートル、年中、普
スズメ大の長い嘴を有する緑色の美しい鳥で、頭と翼と尾羽の上面は青緑色で、背から腰にかけては光沢がある鮮やかな青色が目立っています。喉と頸側は白く、胸から腹にかけては橙色とカラフルで〝空飛ぶ宝石〟などとも呼ばれています。


　奈良時代から「そにとり（翠鳥）」や「そび（鴗）」の名で知られていて、鎌倉時代には「しょび（翠鳥）」とも呼ばれ、室町時代に「かはせみ（翡翠）」と呼ばれるようになり現在に至っています。初めの「そにとり」の「とり」は鳥で、最後の「かはせみ」の「かは」は川でしょうから、呼び名の本質部分は時代とともに、そに→そび→しょび→せみと変化したわけで、これは単なる発音上の転訛にすぎません。それでは当初の「そにとり」にはどんな意味があるのでしょうか。本居宣長の『古事記伝』（一八二二年）によると、緑は「そみどり」の「そ」が省略されたものだそうで、そうだとすると「そにとり」は「そみどり」に由来し、緑の意ということになります。要するにカワセミは川辺にすむ緑色の鳥ということのようです。ちなみにカワセミ表記の漢字「翡翠」の音読みヒスイは緑色の宝石名になっていますが、これはカワセミの緑色の羽毛の美しさにあやかっているのです。

　なお、翡翠の「翡」は雄を表していて赤色という意味があり、「翠」は雌を表していて緑色という意味があ

るとされています。しかし、雄は特に赤っぽいとか雌は緑色っぽいということはなく、雌雄の外見（外部形態）はよく似ています。ちなみに中国名は翠鳥《クイニアオ》です。雌雄の外見（外部形態）の違いは下嘴の色にあって、雄の嘴は上下とも黒色ですが、雌は下嘴の基部半分が赤みを帯びています。ただ幼鳥の嘴は上下とも黒色ですが、成鳥より嘴がいくぶん短めで、羽色も全体に鈍く、特に胸の部分が煤けたように灰色がかっていますので区別できます。なお、幼鳥は巣立った年の秋（八〜十二月）に体羽だけを換羽し、翌年の秋に全身の羽毛を換羽して成鳥羽になります。

ユーラシア大陸とアフリカ大陸北部、東南アジアの島々で広く繁殖分布していて、約八亜種に分けられています。日本では亜種カワセミ *A. a. bengalensis* が屋久島以北、北海道にかけ全国的に留鳥として生息しています。淡水の小魚を主に食べていますが、カエルやエビ、水生昆虫なども捕食しています。川や池の水面上すれすれをツィーツィーと鋭い声で鳴きながら矢のように一直線に速く飛び、水面上に突き出た岩や棒杭、岸辺から水面上に張り出した木の小枝や草の茎などに止まり、あるいはそういった止まるものがないときは空中で停空飛翔（ホバリング）しながら獲物を探し、見つけると嘴から水中に飛び込んで、長い嘴でくわえ捕っています。冬季には日頃は見ない海岸や入り江などで海中に飛び込んで海水魚を捕食していることもあります。熊本県南部の相良村では「どじょとい（ドジョウ捕り）」とも呼んでいました。水中に飛び込むのに水の抵抗が少ないカワセミ頭部の形状は、新幹線の先頭車両の形にも応用されています。

カワセミが生きていくには餌となる小魚が多くいなければならず、しかもよく見えるように水が澄んでいなければなりません。それでカワセミは川や池の健康度を示す指標（バロメーター）にされています。日本野鳥の会のシンボルマークにデ

カワセミ

ザインされているほか、私が住んでいる熊本県内では球磨村や旧八代市、旧本渡市のシンボル鳥に選定されています。熊本県南部の球磨地方では「こーせび」とか「かわせび」「びっしー」などとも呼んでいます。

▼ヤマセミ（山翡翠）*Megaceryle lugubris*　ヤマセミ属、全長三八センチメートル、冬、少

日本産カワセミ科鳥類中最大でキジバトくらいの大きさがあります。背面は白と黒の鹿の子斑で、頭にはアメリカインディアンの羽飾りのような冠羽があります。腹面は白くて胸には黒っぽい幅広の横帯があり、雄は褐色みを帯びています。一方、下雨覆は雄は白く、雌は黄褐色です。

江戸時代中期から「かはんちょう（花斑鳥・華斑鳥）」の名で知られていて、明治時代にはヤマセミ、「かのこどり（鹿子鳥）」「かぶとどり」などとも呼ばれ、昭和にヤマセミの名に統一されました。ちなみに中国名は冠魚狗です。なお、江戸時代から「やませみ」の呼び名はありましたが、それは専ら次に述べるアカショウビンや、ヤマショウビンを指していました。

アジアの南部から東部にかけて分布していて、三亜種に分けられています。日本では基亜種のヤマセミが九州・四国・本州に、全体に白っぽい亜種エゾヤマセミ *C. l. pallidae* が北海道に生息しています。河川の中流以上の渓流畔に留鳥として生息していて、主に魚を捕食しています。渓流に沿って広い縄張（テリトリー）を持っていて日程に従ってキャラッキャラッと鋭い声で鳴きながら渓流に沿って巡回し、水辺に近い土手や崖に横穴を掘って営巣しています。日本三急流の一つ球磨川の一大支流川辺川流域の五木村では比較的よく見かけ、「さぎ・かわさぎ・しぎ」などとも呼んでいます。冬季には下流域へ漂行することもあり、日頃はいない海岸など意外な場所で見かけることがあります。西山にはすみついてはいないようですが、河内川やその河口の有明海沿岸や西浦川などで冬季に時々見られています。

ヤマセミ

▼アカショウビン（赤翡翠）*Halcyon coromanda*　アカショウビン属、全長二八センチメートル、春、少

体全体が赤くて嘴や足も赤く、背面には紫色の光沢があり、腰は瑠璃色で印象的です。

平安時代から「みづこひどり（水乞鳥）」の名で知られており、江戸時代前期には「あまごひどり（雨乞鳥）」とも呼ばれました。これらの名は、よく雨が降る前にキョロロロ…と鳴くことによっています。江戸時代後期にアカショウビンとも呼ばれるようになり現在に至っています。「アカ」は羽色の赤で、「ショウビン」はカワセミの鎌倉時代の呼び名「しょび（翠鳥）」が転訛したもので、要するに〝赤いカワセミ〟ということです。

アジアの東部から南部にかけて分布していて、八亜種に分けられています。日本では亜種アカショウビン *H. c. major* が夏鳥として屋久島以北、北海道にかけて渡来し源流域の森林で繁殖しているほか、紫色を帯びて光沢がある亜種リュウキュウアカショウビン *H. c. bangsi* が奄美諸島や琉球諸島に夏鳥として渡来し、繁殖しています。カエルやサンショウウオ・サワガニ・カタツムリ・小魚などを捕食し、樹洞や、朽木に自ら嘴で巣穴を掘って営巣しています。森の緑に赤い羽は補色配色で目立ちます。そのことを知ってか警戒心が強くて姿を見るのは容易ではありませんが、キョロロロ…と尻下がりの特徴ある鳴き声で存在に気づかされます。西山では春の渡りの時季に鳴き声が聞かれます。

アカショウビン

〈アカショウビンの雨乞い〉

病気の親が水を飲みたいと所望すると、怠け者の息子は水を汲みに行くのを面倒がって近くにあった小豆の汁を水代りに与えたそうです。それで親が亡くなると親不孝の息子は罰が当たって全身が小豆色の鳥になってしまったそうです。それで水を飲もうとすると自分の姿が水面に火のように映って飲まれず、空に向かって雨乞いをして鳴くのだそうです―この話は九州中央山地の奥深い五家荘の樅木《もみき》で昭和四十六年（一九七二）五月二十七日に聞いたもので、地元ではアカショウビンを「みつけどり」や「みつけ」「みずほし」などと呼んでいました。

サギ類（ペリカン目サギ科）

魚やカエル、甲殻類などを捕食することから水辺で見かけることが多いが、営巣は森林や竹藪などでしています。ミゾゴイは密林の樹枝上に単独で営巣しており、ササゴイは山麓の公園の大木や街路樹などに集団または単独で営巣しています。一方、一般に白鷺と呼ばれているダイサギやチュウサギ、コサギ、それにアマサギのほか、有色のゴイサギやアオサギなどは混群で山麓の林や竹藪に集団的に営巣しています。そのようなサギ類の集団営巣地を〝鷺山《さぎやま》〟と呼んでいます。

サギ（鷺）の語源は、『東雅』は、（鷺山での）その声のサヤギ（騒）からとしており、『大言海』は、白羽の鮮明《さやけ》きの意に通ずるかと、最初は白鷺に由来しているとしています。このほか、サギの「サ」はイサ（磯）のサで、「キ」はトキやシギなどのキと同様に鳥を意味する古語で、水辺の鳥という意味によっているとする説などありますが、それぞれ一面は捉えているものの今ひとつといった感じです。奈良時代には白いサギ類は細かく区別されずに「しらさぎ（白鷺）」と総称して呼ばれていました。室町時代になるとアマサギの呼び名で区別され、江戸時代中期にはチュウサギも区別して呼ばれるようになりました。一方、有色のサギ類は、平安時代に「あをさぎ（アオサギ）」、鎌倉時代にゴイサギ、江戸時代になるとミゾゴイの名で区別されました。

▼ミゾゴイ（溝五位） *Gorsachius goisagi* ミゾゴイ属、全長四九《センチメートル》、夏、少

全身が緋色（赤褐色）で、腹面は淡くて黒褐色の縦斑があります。緋色は養老律令では宮中での官位が五位の衣裳の色で、学名の種小名 *goisagi* になっています。

江戸時代前期からミゾゴイ（溝五位）の名で知られています。溝によくいるゴイサギ（五位鷺）の仲間という意味でしょう。また、「ひのくちまもり（樋口守）」とも呼ばれ、鳴き声がエボウ、エボウと聞こえることから「えぼどり」や「やまいぼ」とも呼ばれました。なお、平安時代から「おずめどり（護田鳥）」と呼ばれている鳥の正体は、現在では一般にバンとみられていますが、江戸時代にはミゾゴイ説もあったようです。ミゾゴイの眼が鋭く見えることから「おずめ（勝気な女）」と見做されたのです。

日本には夏鳥として渡来していて、本州・四国・九州で繁殖しています。繁殖が知られているのは日本だけですので準日本固有種ともいえます。世界で千羽以下と推定されている数少ない鳥で、低山の谷沿いの昼なお暗いようなよく茂った森林に、ほかの多くのサギ類のように集団はなさずに単独で営巣しています。しかも半夜行性ですので姿を見ることはなかなかできません。しかし、繁殖期には夜間にボーボーとウシガエルのような低くて太く遠くまでよく透る声で繰り返し鳴きますので存在に気づくことができます。ちなみに英名は Japanese Night Heron（日本の夜鷺）です。

昭和四十七年（一九七二）七月一七日、河内町芳野に住む人の案内で訪れた巣は、北外輪山内壁の谷筋に残るカシ類を主とした常緑広葉樹林の地上約五《メートル》ほどのカシの水平に伸びた枝上に造られていました。枯れ枝

雛を抱くミゾゴイ　1972年7月20日　河内町芳野で

を積み重ねた浅い皿形の巣には親鳥一羽とまだ全身が白い綿羽に覆われたぬいぐるみのような雛が四羽いました。私たちに気づいたようで、親鳥はおもむろに私たちの方を向くと、体を細めて嘴を上に向け、頸も精一杯伸ばして直立不動の姿勢をとりました。と、雛たちも一斉に親鳥を見習うように同じ姿勢をとりました。まるでボーリングのピンが立ち並んでいるようです。よく見ると、まん丸い目玉で私たちを凝視しているではありませんか。喉側から見て目玉が二つともまん丸く見えるということは頭部の横断面は喉を頂点とする二等辺三角形でその両辺に眼はやや下向きについているということでしょうか。あまり同じ姿勢でじっとしているので、おどけて体を左右にゆっくり傾けてみると、なんとそれに呼応するように体を傾けるではありませんか。頸を上方に伸ばすこの奇妙な独特の姿勢は一般に擬態と解されていますが、実はそうではなくて外敵を凝視する必然からの合理的な姿勢の結果であって、周囲の環境からして擬態の効果は疑わしく、むしろ目立ってしまいそうです。ミミズを主にムカデやカタツムリ、サワガニのほかトカゲなども捕食しています。ある観察では巣造りに二週間を要し、三卵を産み、二八日の抱卵で孵化、雛は三七日で巣立ったそうです。

台湾やフィリピンで主に越冬していて、南西諸島でも少数が越冬しています。なお、沖縄県の先島諸島には近縁の頭頂から後頭にかけて濃藍色のズグロミゾゴイ *G. melanolophus* が留鳥として生息しています。

西山ではほかに、昭和五十一年（一九七六）五月一日の夕方に鎌研坂途中の山道脇で一羽見かけましたが、素早く歩いて茂みに逃げ込みました。その後、昭和五十四年（一九七九）九月二十九日に河内町船津の蜜柑畑で弱った一羽が保護されました（嘴峰三・五センチメートル、跗蹠七・一センチメートル、翼長二六センチメートル、尾長九・五センチメートル、翼開長八〇センチメートル、体重三六〇グラム）。

▼ゴイサギ（五位鷺）*Nycticorax nycticorax* ゴイサギ属、全長五八センチメートル、年中、普

ゴイサギの名の由来については鎌倉時代初期に成立した『平家物語』に書かれています。巻第五に、延喜の帝（醍醐天皇）が神泉苑に行幸された折に池の汀に鷺がいたので、その鷺を捕ってくるようお傍用人の蔵人《くろうど》（六位）に命じられたそうで、蔵人が生け捕ろうとそっと歩み寄ると飛び去ろうとしたので宣旨《せんじ》（天皇の勅命）だぞと言うと、なんと神妙にひれ伏して捕まったとか。それで天皇は宣旨に従うとは感心な鳥だということで五位を授けられたそうで、それでゴイサギ（五位鷺）の名が付いたというわけです。夜行性で昼間は頸を縮め背を丸めてじっと佇《たたず》んでいる姿がなんとなくかしこまっているように見えることからこんな故事が生まれたのでしょう。

夜空から聞こえてくる陰にこもったクワッ、クワッという鳴き声や星明りに飛ぶシルエットは学名の属名や種小名の *nycticorax*（夜のカラス）にぴったりの感じです。

成鳥は、翼が灰色で、頭頂と背は緑黒色のすっきりした羽色で、夏羽では後頭に二本の細長い紐状の冠羽が生じ、足も黄色から赤色に変色します。幼鳥は、全体が褐色で白斑が全面にあり、まるで別種のよう

ゴイサギ
（ベトナムの郵便切手）

で星空が連想されることから江戸時代から星五位《ほしごい》とも呼ばれています。眼の虹彩も、成鳥は赤く、幼鳥は黄色と異なっています。成鳥羽になるには三年を要し、その間の幼鳥羽がまだ残る若年個体でも繁殖能力はあります。年中見られますが、足環を付けた標識調査によって、冬季には相当数のものがフィリピンや台湾などに渡っていることが分かっています。

▼ササゴイ（笹五位）*Butorides striata* ササゴイ属、全長五二センチメートル、夏、普

成鳥、幼鳥とも一見ゴイサギに似て見えるので混同されがちですが、小さくスリムで、嘴は長めです。「ササ」は小さいものにつく接頭語で、ササゴイは小さいゴイサギという意味だとか。一方、成鳥の雨覆の白っぽい羽縁が冬枯れしたクマザサの葉縁と似て見えることから笹葉のような羽毛を有するゴイサギのような鳥という意味で付いた名とする説もあります。ササゴイほどの大きさの鳥に〝小さい〟はちょっと違和感があり、どちらかといえば後の説が穏当で、漢字では「笹五位」と表記しています。

南極大陸を除く五大陸の熱帯から温帯にかけて広く分布していて、三六もの亜種に分けられています。日本ではアジア東部沿岸地域で繁殖している亜種ササゴイ *B. s. amurensis* が夏鳥として渡来していて、本州・四国・九州で繁殖しています。ゴイサギや白鷺のようにほかのサギ類と一緒に集団営巣をすることはなくてササゴイだけで高木に小集団または単独で営巣しています。また、市街地のように人気が多い場所に営巣するのもほかのサギ類と異なり、大木があれば社寺林や公園、屋敷林などにも営巣しています。

ゴイサギ同様に基本は夜行性ですが、昼間もよく活動し、キュウ、キュウ…と鋭く大きい声で鳴きながら飛んでいます。主に淡水魚を捕食していて、通常は岸辺に佇んで獲物が至近距離内に入って来るのをじっと待ってくわえ捕っていますが、熊本市内の水前寺公園や上江津湖などではもっと積極的な採餌法が見られます。それは〝撒餌漁〟ともいえるもので、ミミズやセミ、バッタなどの生餌のほか、枯れ枝や発泡スチロー

ササゴイの抱卵交代（手前が雌で、後方が雄か?!）
1970年5月24日　相良村深水の瀬戸堤畔で

ルなどの小片を擬似餌として嘴で水面に放り、集まって来た魚をくわえ捕るのです。なんでもアメリカのフロリダ州マイアミの公園でも別の亜種アメリカササゴイ *B. s. virescens* による同様の採餌法が見られているとかで、ここではパン屑やポップコーンを使っているとのこと。両地に共通しているのはどちらも公園で人気が多く、しかも人が魚に餌を与えていて鳥も人馴れしているということです。あまり賢い鳥とはみられていませんが、人が魚に餌を与えているのを見て学習したのかもしれません。

繁殖を終えると分散し、川のかなり上流域でも思いがけず見かけることがあります。そのようなときはたいてい一羽ですが、渡去前には人気の少ない川原などに二〇～三〇羽で群れていることもあります。

▼アオサギ（蒼鷺）*Ardea cinerea* アオサギ属、全長九三センチメートル、年中、普

日本産サギ類中最大で、小型のツルほどの大きさがあります。それでかつてまだ少なかった頃にはよくツルと混同されてツルが飛来したなどといって話題になったものです。ツル類は飛ぶときには頸を長く伸ばしていますが、サギ類は頸を短く縮めていますので飛んだときの姿勢を見るとすぐ区別できます。

中国名も蒼鷺ですが、アオ（蒼）といってもそんなに青（ブルー）くはなくて青みを帯びた灰色といった感じです。学名の種小名 *cinerea* は灰白色となっています。

奈良時代から「みとさぎ（青鷺）」の名で知られています。その語源は『大言海』では「みどりさぎ（緑鷺）」の意だろうとしています。平安時代にはアオサギとも呼ばれるようになり現在に至っているわけですが、和

歌では専ら「みとさぎ」の名が用いられており、『日本鳥類リスト』（小川三紀編、一九〇八年）では「みとさぎ」とアオサギの両名が併記されています。

ユーラシア・アフリカ両大陸に広く分布していて、五亜種に分けられています。日本では亜種アオサギ *A. c. jouyi* が北海道から九州にかけて全国的に繁殖しています。近年、増加傾向にあり、各地で留鳥化が進んでいます。私が住んでいる熊本県内でもつい近年までは冬鳥でしたが一九九〇年代になってから繁殖が知られるようになり、留鳥化が急速に進みました。

動物食で、魚類やカエル、イモリなどの両生類、アメリカザリガニなどのほか、体が大きいだけに野ネズミやバンなどを捕食するのも見られています。

▼アマサギ（黄毛鷺）*Bubulcus ibis* アマサギ属、全長五一センチメートル、夏、普

コサギよりも小さく、冬羽では全身が白色の、いわゆる〝白鷺〟になりますが、夏羽では頭部から胸、背面にかけて橙色を帯び、亜麻糸の色が連想されることからその名が付いたようで、漢字では黄毛鷺と書いています。

鎌倉時代からアマサギの名で知られており、江戸時代中期には「しょうじょうさぎ（猩猩鷺）」とも呼ばれました。猩猩とは想像上の大酒飲みの動物で、頭部から胸にかけての橙色が猩猩が酒を飲んで赤くなっているのを連想させたのでしょう。ちなみに学名の種小名 *ibis* はトキ（朱鷺）となっています。

学名の属名 *Bubulcus* は牛で耕す人という意味で、中国名は牛背鷺、英名も Cattle Egret（牛鷺）となっています。また、日本でも『大和本草　諸品図』（一七一五年）に、「野につなげる牛馬につく」と記されていて江戸時代前期から牛との関係に注目しています。主に昆虫を捕食していますので、牛馬に寄生している虫や、

アオサギ
（ブルガリアの郵便切手）

牛馬の移動によって追い出されるバッタやイナゴなどをねらっているのです。ある観察では、牛馬にまとわりついての単位時間当たりの採餌率は単独でするときの一・五倍の効率があり、歩数も三分の二で済んだそうです。元来、アフリカのナイル川流域あたりの原産で、象や犀、水牛などの大型草食動物にまとわりついている光景はテレビの動物番組などでもおなじみです。

ところが一〇三〇年代にアメリカに侵入し、その後も分布拡大を続けて約半世紀で南極大陸を除く五大陸に分布するようになりました。三亜種に分けられており、日本では亜種アマサギ *B. i. coromandus* が一九五〇年頃から、本州中部の太平洋岸に沿って分布を広げ、現在は北海道でも見られるようになっています。西日本に多く、多くは夏鳥として渡来していますが、越冬するものも少数います。近年は牛馬だけでなく、むしろトラクターにまとわりつく光景がおなじみになっています。トラクターですと昆虫を追い出すだけでなく、土中に潜んでいるものも掘り起こしますので採餌はより効率的でしょう。

▼ダイサギ（大鷺）*Ardea alba* アオサギ属、全長九〇〜一〇〇センチメートル、夏、普

白鷺では最大でその名があります。ちなみに学名の種小名 *alba* は白いという意味です。特に頸が長くて嘴や足も長い。嘴は夏季には黒く冬季には黄色くなります。眼先の皮膚は青くて夏季には特に鮮やかになります。

南極大陸を除く五大陸に広く分布していて、五亜種に分けられています。日本では小型の亜種チュウダイサギ（コモモジロともいう）*E. a. modesta* が夏鳥として渡来し、本州中部以南、九州で繁殖しているほか、基亜種のダイサギが冬鳥として少数が渡来しています。なお、亜種チュウダイサギは越冬するものもいて、両亜種の大きさはオーバーラップしていますので冬季に野外で両亜種がいつも区別できるとは限りません。

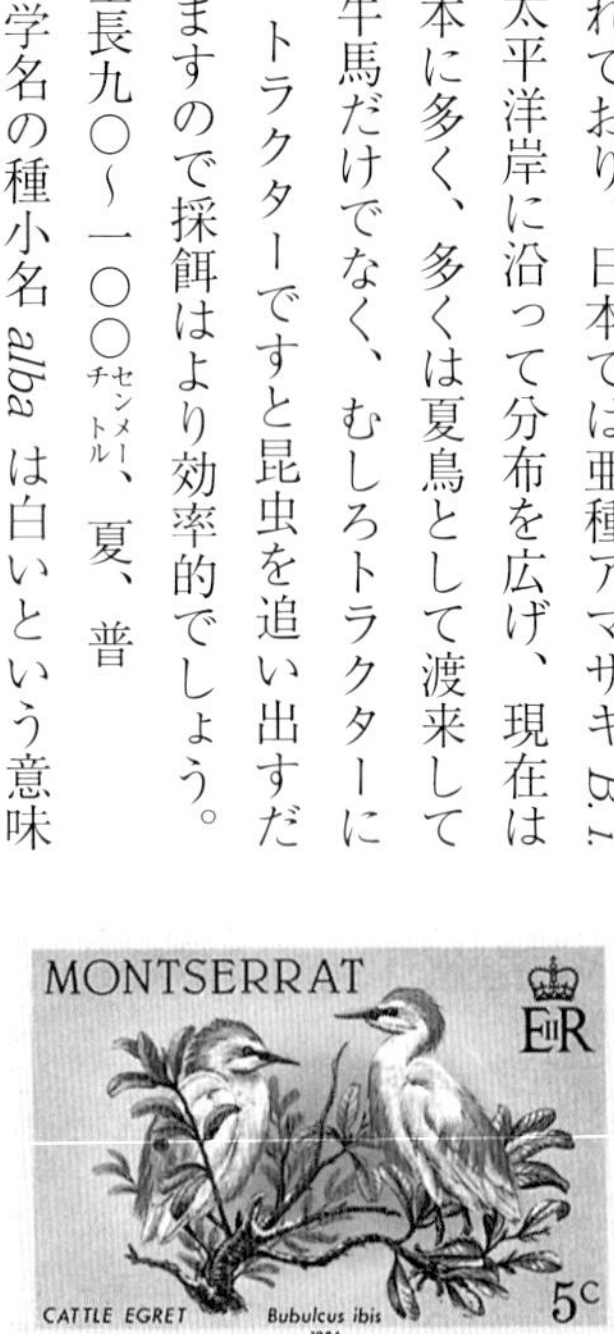

アマサギ
（カリブ海東部のモンセラット《島》の郵便切手）

▼チュウサギ（中鷺）*Egretta intermedia* コサギ属、全長六九センチメートル、夏、少

ダイサギとコサギの中間大でその名があります。ちなみに学名の種小名 *intermedia* も中間という意味です。嘴は比較的短くて夏季には全体が黒く、冬季には先端部だけを残して黄色くなります。眼先の皮膚は黄色くて夏季には特に鮮やかになります。

アジア、アフリカ、オーストラリアの熱帯から温帯にかけて分布していて、三亜種に分けられています。日本では基亜種のチュウサギが夏鳥として渡来していて、本州・四国・九州で繁殖しています。昭和三十年（一九五五）代までは白鷺を代表するほど多くいましたが、昭和四十年代前半から減少し、どこでも見られるというわけにはいかなくなりました。昆虫を多く捕食することから、同じように昆虫を主に捕食して分布を広げているアマサギとの競合によって減少したのではないかとみられています。繁殖は激減していますが、春と秋の渡りの時季には数は多くないが各地で見られます。日本で繁殖したものの多くはフィリピンで越冬していますが、一部は日本でも越冬しています。

▼コサギ（小鷺）*Egretta garzetta* コサギ属、全長六一センチメートル、年中、普

チュウサギより更に小さくてその名があります。体の大きさより、嘴が年中黒くて足も黒く、趾《あしゆび》だけが黄色いことでほかの白鷺と区別できます。また、夏羽では後頭に二〜三本の紐状の長い冠羽が生じ、背には先端がカールしたレース状の美しい蓑毛も生じます。

アジア、ヨーロッパ、アフリカ、オーストラリア、ニューギニアにかけての熱帯から温帯に分布していて、二つの亜種に分けられています。日本では基亜種のコサギが、本州・四国・九州に留鳥として生息しています。昭和四

コサギ
（ハンガリーの郵便切手）

十年（一九六五）代から目立ちだし白鷺では最も多くて普通に見られます。片方の足を前方に出して震わせ、まるでドジョウすくいのような格好で魚やザリガニなどを捕食していてほかの白鷺にはみられない独特の採餌法です。

▼アカガシラサギ（赤頭鷺）*Ardeola bacchus* アカガシラサギ属、全長四五センチメートル、年中、少

アマサギより更に小さく、成鳥の夏羽では頭頸部が赤褐色になることからその名があります。ちなみに学名の種小名*bacchus*《バッカス》はローマ神話の酒の神でブドウ酒色（暗赤色）という意味です。背は黒くて、腹と翼と尾羽は白い。嘴は黄色っぽくて先端部は黒い。冬羽と幼鳥はよく似ており、頭頸部は白地に暗褐色の縦斑があり、背も褐色を帯びていて、一見ササゴイの幼鳥に似て見えますが、初列風切と次列風切は年中白いので飛ぶと翼の白さが目立ちますのですぐ区別できます。

ユーラシア大陸南東部の、北はウスリー川流域から南は中国東南部、インドシナ半島にかけて繁殖しており、北方で繁殖したものはマレー半島やスマトラ島、カリマンタン島（ボルネオ島）などに渡って越冬するとされ、日本では従来、旅鳥として主に春にまれに見られるだけでした。ところが、昭和五十六年（一九八一）七月三十日に熊本県下益城郡城南町の緑川左岸の竹薮にできた鷺山（サギ類の集団営巣地）で、ダイサギやコサギ、アマサギ・ゴイサギなどに混じってアカガシラサギ一番が繁殖して四羽の雛が巣立ちました（日本で最初の繁殖記録）。その後、平成五年（一九九三）七月二十日に熊本市の水前寺公園のササゴイの集団営巣地で、一番がササゴイに混じって巣造りしているのが見られ、平成七年（一九九五）七月下旬には同所で幼鳥四羽の巣立ちが確認されました。熊本県のほかでも秋田県内で昭和六十一年（一九八六）六月に繁殖が確認されています。日本でのこれまでの繁殖はいずれも単独ですが、中国ではダイサギやコサギ、それに次に述べるムラサキサギなどに混じって一〇〇番以上が集団営巣していて観光名所になっている所もあるとか。

西山では冬羽のもの一羽が平成七年十二月の上旬に谷尾崎町の井芹川で見られ、その後も平成十五年十二月中旬から翌年一月上旬にかけて同じく冬羽のもの一羽が島崎から横手にかけての井芹川で見られています。

▼ムラサキサギ（紫鷺）*Ardea purpurea* アオサギ属、全長七九センチメートル、春、希

有色のサギではアオサギに次ぐ大きさで、背面がアオサギより濃い暗灰色で紫色を帯びていることからその名があります。ちなみに学名の種小名 *purpurea* は紫色という意味で、英名も Purple Heron（紫鷺）です。頭頂は黒く後頭に黒くて長い冠羽があり、頸側には黒い幅広の縦線があって目立っています。ただ幼鳥は全体に暗褐色です。

江戸時代から「せぐろさぎ」や「やぼさぎ」の名で知られていますが、その語源は不明です。

ユーラシア・アフリカ両大陸の熱帯から温帯にかけて広く分布していて、四亜種に分けられています。日本では亜種ムラサキサギ *A. p. manilensis* が西表島に留鳥として少数が生息しているほかに、中国東部で繁殖しているとみられるものが旅鳥としてまれに見られています。

ムラサキサギ（剝製標本）
1975年5月12日　河内町塩屋で保護後落鳥（熊本市立博物館所蔵）

ムラサキサギ（ハンガリーの郵便切手）

西山では、昭和五十年（一九七五）五月十二日に河内町塩屋の蜜柑畑で弱って飛べないでいる幼鳥一羽が保護されましたが、すぐ落鳥し、剝製標本として

熊本市立博物館に保管されています。

コウノトリ（鸛）*Ciconia boyciana* コウノトリ目コウノトリ科コウノトリ属、全長一一二センチメートル、秋、希

奈良時代から「おほとり」の名で知られており、平安時代には漢名（中国名）の鸛（くわん）とも呼ばれました。嘴をカタカタと打ち鳴らせて求愛することによった名でしょう。その鸛が鎌倉時代には「かう」と呼ばれ、江戸時代には「かうのとり」と呼ばれるようになり現在に至っています。また、江戸時代にはツル類とみられていたのか「かうづる」とも呼ばれました。

大阪府の東大阪、八尾両市にまたがる弥生時代の水田跡からコウノトリの足跡が見つかっています。江戸時代までは日本各地に生息していて「松上の鶴」として親しまれていたようです。各種の文献から、江戸時代には浅草の観音様や築地本願寺・青山新長谷寺・蔵前西福寺・深川五百羅漢寺など江戸市内各地の神社仏閣の大伽藍の屋根にはたいてい営巣してて縁起が良い鳥として大切に保護されていたことが分かります。日本のコウノトリは、イギリスの鳥学者スインホウが横浜で採集した二羽をもとに明治五年（一八七二）に新種として学会で発表しました。同じイギリスの鳥学者ブラキストンは明治十二年（一八七九）に静岡の駿府城内でコウノトリが松に多数営巣しているのを見ています。兵庫県出石の藩主仙石利久は出石郡室植村桜尾を禁猟区とし、〝鶴山〟と名付けてコウノトリを保護してきました。

しかし、その後、急激に減少し、明治四十一年（一九〇八）には保護鳥に、大正十年（一九二一）には国の天然記念物に指定されましたが、その時には兵庫県の鶴山だけに約三〇羽しか生き残っておらず、昭和三十一年（一九五六）には国の特別天然記念物に、昭和三十五年（一九六〇）には国際保護鳥に指定されましたが

減少は止まらず、兵庫県豊岡市に生き残っていた最後の一羽も保護増殖のために昭和四十六年（一九七一）に捕獲され、日本在来の野生種はいなくなりました。しかし、ユーラシア大陸東部には日本在来種と同じものがまだ生息しています。豊岡市では昭和六十年（一九八五）に当時のソ連ハバロフスク地方政府から幼鳥六羽の寄贈を受けて人工増殖に努め、平成十四年には一〇〇羽を超えましたので野生復帰を目指して平成十七年からは放鳥もされています。野生での繁殖も確認されていて豊岡市一帯には約五〇羽が生息するまでに回復しています。

一方、大陸東部で繁殖したものの一部が秋から冬にかけて日本にもまれに飛来しているようで、西山でも昭和三十七年（一九六二）十一月九日の夕方に有明海に面した河内町船津の聖ヶ塔療養所庭で右翼を負傷した一羽が保護されたことがあります。熊本市水前寺動物園に収容されていましたが、落鳥後は剥製標本として熊本市立博物館に保管されています。

コウノトリ（剝製標本）
1962年11月9日　河内町の聖ヶ塔療養所庭で保護後落鳥（熊本市立博物館所蔵）

コウノトリ（地方自治法施行60周年記念バイカラー・クラッド貨幣）2012年

集落の鳥

人間は怖いが、人間生活で作り出される食物や営巣場所は魅力的で、警戒心をもって注意深くマンウォッチングしながら人間生活の場で共存している鳥たちもけっこういます。米を好んで食べ、屋根瓦の隙間（雀口）に営巣して育雛しているスズメや室内にさえ営巣して育雛しているツバメなどはその代表格です。このように人間生活に依存して生きている鳥のような動物たちのことを、ロシアの生態学者H・P・ナウモフは*Synanthrope*《シナントロープ》（ギリシャ語で〜と共にを意味するsynと人類のanthroposとの造語で、人類同調種の意）と呼んでいます。要するに日常生活の場でよく見かける身近な鳥のことで、シナントロープにはどんな鳥たちがいるか改めて見てみましょう。

スズメの仲間（スズメ目スズメ科）

種子食で、元来、アフリカのサバンナのように木が疎生する広大な草原に生息していたようですが、人間が農耕〈日本では特に稲作〉を始めると人間生活の場に急速に進入して共存するようになったと考えられます。日本ではスズメが稲田で採餌して人家の屋根をはじめとする人工建造物の隙間に営巣して育雛し年中生活しているほか、冬季にはスズメより少しスリムなニュウナイスズメが北方から渡来して越冬しており、春の渡去前には桜の木に花蜜を求めて群れる光景が見られます。スズメは奈良時代から、ニュウナイスズメは江戸時代中期からそれぞれの名で知られています。

▼スズメ（雀）*Passer montanus* スズメ属、全長一五センチメートル、年中、普通。トレード・マークの顔の円い大きな黒斑と、雌雄の外見（外部形態）が酷似しているのは、当然のように思われているかもしれませんが、世界のスズメ属一五種中ではむしろ例外的で、特徴になっています。

奈良時代からスズメ（雀）の名で知られ親しまれています。しかし、『万葉集』には多くの鳥が詠まれているのにスズメを詠んだものが一首もないのはちょっと意外な気がします。あまりにも身近すぎる鳥だったのでしょうか。

スズメの語源については、鳴き声の「シュシュ」と群れ鳥を意味する「メ」とから成っているとする説（『雅言音声考』ほか）や、小さいことを意味する「ササ」と群れ鳥を意味する「メ」とから成っているとする説（『東雅』ほか）などがあり、柳田国男は『野鳥雑記』で、スズメの語源は鳴き声によるが、「スズメ」の語には同時に小鳥を総称する意味もあるとし、スズメの古い方言名の「いたくら」やツバメの古名「つばくら」の「くら」や、シジュウカラ（四十雀）やヤマガラ（山雀）の「カラ・ガラ（雀）」にも小鳥という意味があるとして、両説の折衷案を提示しています。実際、「スズメ」は、鳥名であるとともに小鳥の代名詞としても用いられています。

元来、ユーラシア大陸に西はヨーロッパから極東まで横断するように広く自然分布していましたが、後に北アメリカ大陸やオーストラリア大陸などにも人為的に移入されて分布を拡大していて、六亜種に分けられています。日本産の亜種スズメ *P. m. saturatus* は、日本全国で繁殖しているほかにサハリンや韓国、台湾などにも生息しています。

種子食のスズメが、大量に生産される米をメニューに加えたのは自然なことで、『舌切雀』の昔話を引き出すまでもなく米好きで知られています。実った稲田に群れて稲穂を啄んでいる光景を見ると、稲作に随伴して渡来した史前帰化鳥ではないかとさえ思えてきます。稲作が始まって間もなく身近な鳥になったことでしょう。『蜻蛉日記』に「屋の上をながむれば、すくふ雀ども瓦の下を出で入りさへずる」とあることから天禄三年（九七二）には既に屋根瓦下に営巣していたらしいことがうかがえます。

スズメは米ばかり食べているわけではなく雑食性で、特に育雛期には昆虫を多く捕食しています。その中には当然農作物の有害虫も多く含まれています。プロシア（ドイツの前身）のフレデリック大王（フリードリヒ大王）はサクランボが好きでスズメが啄むのをいまいましく思われて大量に駆除されたところ、春先に毛虫が大発生してサクランボが実るどころではなくなったことや、お隣の中国でも一九五〇年代末にスズメを農業上の有害鳥と決めつけて大量に駆除したところ二年連続して百年来といわれる大凶作に見舞われたことなどがあり、秋の実りの時季だけの食害で有害鳥と短絡的に決めつけて駆除してしまうのがいかに愚かな行為であるかをこれら二つの事例が教えてくれています。

スズメの学名の属名 *Passer* はラテン語でスズメ（小鳥）という意味で、種小名 *montanus* はラテン語で「山」という意味です。ちなみに英名は Tree Sparrow（木に巣くうスズメ）です。日本では集落に巣くっていて最も身近な鳥ですが、ヨーロッパでは山にすんでいてワイルドな生活をしているのです。スズメは、『日本鳥類目録改訂第六版』（日本鳥学会、二〇〇〇年）ではハタオリドリ科に分類されていましたが、最新の改定第七版（二〇一二年）ではスズメ科に分類されています。身近にいながらまだ分からないことが多い鳥です。

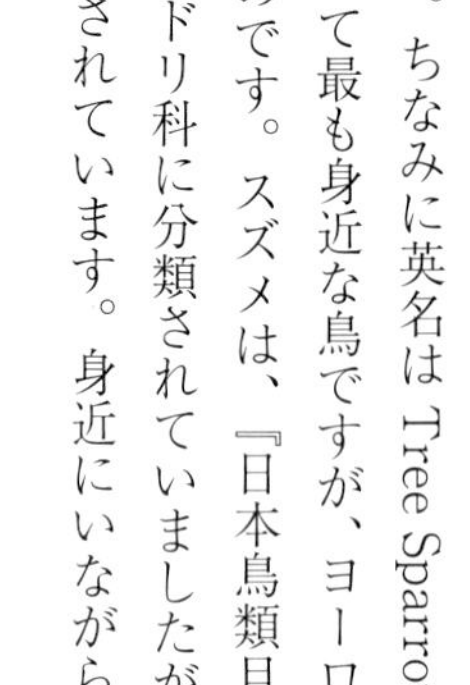

スズメ
（ユーゴスラビアの郵便切手）
1982 年

〈スズメを飼う〉

奈良時代には白スズメは瑞鳥として特に貴《とうと》ばれ、見つかると生け捕って時の天皇や権力者に献上されていたことが『日本書紀』をはじめとする数々の文献に数多く記されています。平安時代になると、白スズメだけでなく普通のスズメの子もペットとして飼われるようになったようです。『源氏物語』に紫上（十歳の頃）が竹製の伏籠で飼っていたスズメの子を召使の女童犬君が不注意で逃がしたことに立腹して、カラスなどに見つかったら大変と心配していることが書かれていますし、『枕草子』の「心ときめきするもの」にも「雀の子飼」が最初に挙げられています。稲穂を食害して農民には嫌われているスズメも貴族たちにとっては単に身近で入手できる格好のペットということだったようです。スズメの子飼のことについては鎌倉時代の『新撰和歌六帖』や『夫木和歌抄』などにも出ています。

小鳥の飼育が町人の間にも広がったのは江戸時代になってからで、特に八代将軍吉宗以降に盛んになったようです。明治時代になると大阪千日前の見世物小屋ではスズメにヤマガラ用のような芸を仕込んで見せていたそうで、スズメは利口だが飼育が困難だったとか。

なお、現在スズメは狩猟の対象になっているといえどもその雛を勝手に飼育するのは「鳥獣の保護及び狩猟の適正化に関する法律」に違反しますので要注意を。偶然に雛を拾ったりして保護飼育する際には都道府県の鳥獣保護担当部署に相談されますように。

〈スズメの焼き鳥〉

スズメの夜間の集団就塒場は〝雀のお宿〟と呼ばれ、かつては専ら郊外の竹藪にありました。「竹に雀」紋などはこういうことから図案化されたのでしょう。雀のお宿は、秋にはその年生まれの幼鳥も加わって規模が大きくなります。稲刈りの時が近くなると、雀のお宿になっている竹藪を昼間に網で囲っておいて夕方にスズメたちが塒に帰り着いた頃を見計らって鐘を叩いたり、竹を揺らせたりしておどかして袋網に追い込んで一網打尽にする地獄網猟⁉が一九八〇年代頃まで各地で年中行事のように行われていました。

そうして捕獲したスズメは専ら焼き鳥にして食べていました。スズメが米を盗食した分を焼き鳥にして取り返そうという魂胆です。なんだか野蛮で残酷に思われそうですが、かつてスズメの焼き鳥は福良《ふくら》雀《すずめ》とも呼んで寒中の格好の酒の肴として広く賞味されていて、また、その縁起良い呼び名から結婚式の披露宴での折詰などにも出されていたのです。こういうことはもう過去のことかと思っていたら、平成二十四年二月二十八日（火）の十二時二十分からのNHK総合テレビ「ひるブラ京都（生放送）」で、伏見稲荷神社参道脇の店で〝すずめの串焼き〟を売っているのを見て現在もあることを知り、驚くとともに懐かしく思いました。

昭和三十七年（一九六二）には、日本全国で最多の七四九万二八一三羽が捕獲されています。しかし、平成になると一五〇万羽前後に減少しています。スズメはこのまま狩猟の対象にしておいたり、有害鳥として駆除し続けてよいものかどうか再検討の必要がありそうです。

▼ニュウナイスズメ（入内雀）*passer rutilans* スズメ属、全長一四センチメートル、冬、普

スズメより小さくスリムで、スズメに特徴的な顔の円い黒斑はありません。雄は全体に赤みが強くて学名の種小名になっています。私が住んでいる熊本県内では一般に「べんすずめ」と呼んでおり、相良村では「あかすずめ」とも呼んでいます。一方、雌は緑色がかった灰色で地味ながら淡黄色の眉斑が目立っています。

鳴き声はスズメよりか細い感じでチィーチィーと鳴きます。

江戸時代中期から「にうないすずめ（入内雀）」の名で知られていて、「みやうないすずめ」や「にいなめ」などとも呼ばれました。なお、平安時代の『枕草子』に出ている〝かしら赤き雀〟はニュウナイスズメの雄のことかもしれません。

ニュウナイスズメの語源について本居宣長は『玉勝間』に、にふないという雀―にふないは新嘗《にひなへ》といふことなるべし、新稲《にひしね》を人より先にまずはむをもて、しか名づけたるなるべし、と述べており、『大言海』なども同じ説を採っています。

アフガニスタン以東のアジアに分布していて、九亜種に分けられています。日本産は基亜種で、中国の西部から東北部にかけてとサハリン、韓国などにも生息しています。日本では年平均気温が一〇度以下の北海道や本州中部以北の森林で繁殖していて、それより南の地では冬鳥として見られます。現在はそう多くいませんが、戦前までは秋の渡りの時季には大群で乳熟期の稲穂を食害していて、昭和十七年（一九四二）には日本全国で最多の二一万羽が捕獲されています。春の渡去前には花蜜を求めて桜の木に群らがるのが見られます。

ツバメの仲間（スズメ目ツバメ科）

飛翔が巧みで生きている昆虫を空中で捕食していることから、日本のように温帯では蚊が大量に発生する食物豊富な夏季に雛を育てるために夏鳥として渡来しています。広大な水田は水生昆虫が多く発生することから格好の採餌場になっています。ツバメの仲間が人家に営巣して育雛するようになったのは、人が家を建てて定住し、農耕生活を始めてからのことで、日本では特に稲作開始以降のことです。日本最古の物語文学とされている『竹取物語』（九〇〇年頃）に、宮内省の炊事場の軒下に半ば集団的に営巣しているツバメの話があります。これが事実に基づいて書かれていれば、日本でのツバメの人家への営巣についての最古の資料になりそうです。

ツバメが育雛のために捕食する大量の昆虫の中には当然稲の有害虫や人の血を吸ったり病原体を媒介する蚊や蠅《はえ》などの衛生昆虫も多く含まれていますので人間生活に有益で、幸運をもたらす縁起が良い鳥として大切に保護されてきました。その点、先述の稲穂を食害するスズメの仲間とは対照的な扱いを受けて、それで人家の室内にも営巣して育雛するという鳥類では唯一の繁殖戦略を生み出したのです。

ツバメのほかに、コシアカツバメやイワツバメも夏鳥として渡来し育雛していますが、区別して呼ばれるようになったのは江戸時代からです。これら三種がほぼ同所的に繁殖していることもありますが、採餌空間は、小型のイワツバメが最も高くて、中型のツバメが最も低く、大型のコシアカツバメが両者の中間の高さといった具合に立体的な大まかな区分けが認められます。

▼ツバメ（燕）*Hirundo rustica* ツバメ属、全長一七センチメートル、夏、普

背面は光沢がある黒色で、腹面は白く、額と喉は赤褐色で胸との境に黒帯があります。尾羽は長く、特に外側の二枚は長くて中央部が著しくくぼんだ凹尾になっていて燕尾と呼ばれ、内側には縁取るような帯状の白斑があります。尾羽は雄が長く（但し、幼鳥は雌雄に関係なく短くて、くぼみも浅い）て、雌との区別点になっています。

奈良時代からツバメ（燕）の名で知られていて現在に至っていますが、古くには「つばくらめ（鷰）」と呼ばれていて、その「くら」が省略されてツバメになったのです。それでは大本の「つばくらめ」の語源はと

いうと、『東雅』は「つば」は光沢、「くら」は黒、「め」は鳥で、黒光りする鳥、の意味としています。一方、柳田国男は『野鳥雑記』で「くら」は黒ではなくて「小鳥」のこととしています。『大言海』は「つばくら」は鳴き声で「め」は群れ鳥としています。更に『日本釈名』は「つちばみ（土食）」に由来するとするなど身近な鳥だけに関心も高く諸説紛紛ですっきりしません。それでこれらを総合して要約し、「つば」は鳴き声、「くら」は小鳥、「め」はスズメやカモメなどと同様に群れ鳥を示す接尾語との解釈が穏当ではないかと考えますが如何でしょうか。

ユーラシア・北アメリカ両大陸及びアフリカ大陸北部で広く繁殖していて、八亜種に分けられています。日本では亜種ツバメ *H. r. gutturalis* が夏鳥として渡来していて専ら人家の軒下や室内に営巣して育雛しています。人家の室内での営巣は野鳥の世界では異例のことで、中国では家燕と呼ばれています。しかし、北アメリカでは橋の下に集団営巣していることが多いとかで、近年、日本でも栃木県塩谷郡や千葉県、愛媛県などで橋の下での集団営巣が確認されています。

生きた昆虫食で、水田は格好の採餌場となることから田舎に多く、学名の種小名 *rustica*（田舎という意味）にもなっています。水生昆虫の発生最盛期に合わせるようにして育雛していて稲の有害虫や人体に有害な衛生昆虫を大量に捕食してくれている有難い有益鳥で、古くから大事に保護されてきています。日本人はだれもがツバメに対しては愛鳥家と言っても過

ツバメ
（ラオスの郵便切手）

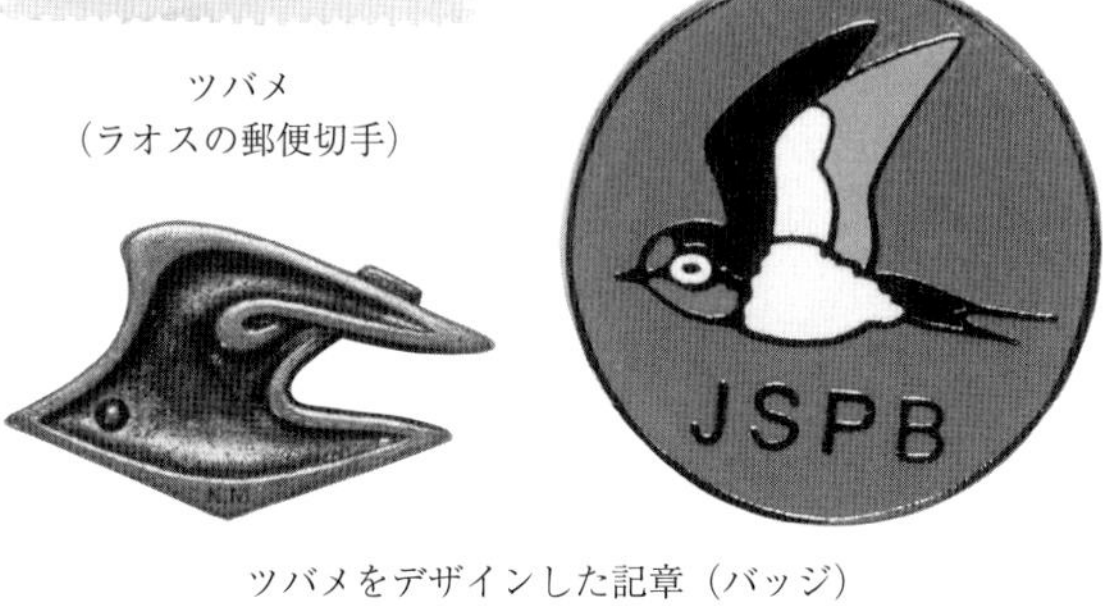

ツバメをデザインした記章（バッジ）
左：日本野鳥の会（初代）　右：日本鳥類保護連盟　JSPB は
JAPANESE SOCIETY FOR PRESERVATION OF BIRDS の略

言ではなく、ツバメもそういった人の心情を察して室内にさえ営巣するほど気を許していて、お互いの信頼関係が構築されています。それは野鳥との共生の理想的な具体事例であり、ツバメは野鳥保護団体の日本鳥類保護連盟や日本野鳥の会などのバッジにデザインされています。また、スマートで、飛翔が巧みで速く飛ぶカッコ良さから、九州新幹線の列車名ほかバスやタクシー、船舶などの乗り物の名にも用いられています。

日本で繁殖したツバメは、足環を付けた標識調査で、フィリピンのほか、台湾・マレー半島南部（マレーシア）・カリマンタン島（ボルネオ島）北部・ジャワ島（インドネシア）・ベトナム南部などで多くが越冬していることが分かっています。他方、それらとは別に冬鳥として渡来しているものもいて、こちらは〝越冬ツバメ〟と呼ばれています。寒さに比較的強いツバメで、腹面が赤みを帯びた亜種アカハラツバメ *H. r. saturata* が混じって見られることからその多くは日本より遥か北方の中国東北部からシベリアあたりで繁殖したものではないかとみられますが、今後の標識調査でもっとはっきりするでしょう。そういうことで関東以南ではツバメがほとんど年中見られる地域がけっこうあります。

▼コシアカツバメ（腰赤燕）*Hirundo daurica* ツバメ属、全長一九センチメートル、夏、普

腰が赤褐色でその名があります。ちなみに中国名は金腰燕です。日本産のツバメの仲間では最大で、尾羽も長めで切れ込みも深い。腹面は淡黄褐色の地に黒い点線状の縦斑があり、下尾筒は黒い。

江戸時代前期から胡燕や唐燕、やまつばめなどの名で知られていて、中期には蛇燕、わしつばめ、後期には「とっくりつばめ」などとも呼ばれました。

ユーラシア・アフリカ両大陸の熱帯から温帯にかけてと東南アジアの島々及び日本で繁殖していて、一二もの亜種に分けられています。日本産の亜種コシアカツバメ *H. d. japonica* は、主にアジア東南部に生息していて、日本では夏鳥として渡来していて、九州以北、北海道にかけて全国的に繁殖しています。近年、分

布域が北方に拡大していて、一九七二年には津軽海峡を越えて北海道の礼文島で繁殖が確認され、翌一九七三年には根室でも繁殖が確認されました。近畿以西に多いが分布は割と局地的で、しかも流動的です。私が住んでいる熊本市内では一九六〇年代になってから目立ち出しました。

ツバメより遅く四月下旬頃に渡来し、人工建造物のコンクリート壁に徳利を縦割りしたような筒状の入口が付いた巣を泥に枯れ草を交ぜて唾液で固めて造ります。集団営巣することもあって数個の巣が接し合っていることもあります。五～七月頃に純白の卵を四～五個産み、一九－二〇日間の抱卵で孵化します。巣造りは六月いっぱいで一段落しますが、なかには八月下旬に巣造りしているのを見たこともあります。従って育雛はほかの小鳥類より遅い九月上旬頃まで行われています。十一月上旬に群れをなして渡去しますが、一部越冬するものもいて巣を冬季の塒にしています。

▼イワツバメ（岩燕）*Delichon dasypus* イワツバメ属、全長一五センチメートル、夏、普

ツバメより少し小さくて尾羽の切れ込みも浅く、腰が白くて、趾まで白い羽毛で覆われています。

江戸時代中期から「いはつばめ」の名で知られています。その名は、かつては専ら石灰洞や海食洞、山地の岩壁などに集団で営巣していたことから付いたようです。

ユーラシア・アフリカ両大陸に広く分布していて、三～五亜種に分けられています。日本産は基亜種で、千島やサハリンでも繁殖していて、中国南部から東南アジアにかけての地域で越冬しているとされています。南北に長い日本列島では、本州中部以北では完全な夏鳥ですが、中国地方以南、九州では越冬しているものもいて巣を冬季の塒にしています。

一九六〇年代になると都市部への進出が全国的に目立ち、コンクリート壁を従来の岩壁に見立てて集団営巣するようになりました。ちなみに英名はAsian House Martinで、石の文化が発達したヨーロッパでは日本

イワツバメ（幼鳥）2006年6月20日　五木村宮園で

より以前にこのような都市部への進出がなされたのでしょう。私が住んでいる熊本市内では一九七〇年代半ば頃から市中心部の熊本交通センタービルで集団営巣するようになりました。巣は壺を縦割りしたような形をしていて、コンクリート壁に泥を唾液で固めて造られます。巣造りは二月中旬には始め、古巣もよく再利用します。その際には産座（内巣）部分だけを新しく入れ替えて使用します。日本でも現在は営巣のほとんどが都市部のコンクリート製のビルや橋といった人工建造物で行われています。巣造りから抱卵、育雛まで雌雄協同でしています。一腹卵数（クラッチサイズ）は三〜四個で、約二週間の抱卵で孵化し、雛は二六日後くらいに巣立ちます。巣を新しく造っての繁殖は年に一回ですが、古巣を再利用しての繁殖はほとんどが年に二回行っています。

アマツバメの仲間（アマツバメ目アマツバメ科）

ツバメの仲間より空中生活により適応していて通常はツバメの仲間より高空で採餌していますが、雨が近くなると低空に下りて来てよく目につくようになることからその名があり、「アマ」には天ではなく「雨」の漢字が充てられています。「ツバメ」の名が付いていますがツバメの仲間ではなく、むしろヨタカなどにより近縁の鳥です。要するにツバメの仲間と同じような生活をしていることからの適応進化による収斂《しゅうれん》でツバメに似たような体形になっただけの単なる空似ということです。体は一般にツバメの仲間より大きく、翼はより長く、趾は四本とも前方を向いていて、尾羽もツバメの仲間が一二枚なのに対して一〇枚と違っています。アマツバメは、ツバメが初出する『日本書紀』（七二〇年）より少し古い『古事記』（七一二年）に「あめ（阿米）」の名で出ており、平安時代にアマツバメ（胡燕）と呼ばれるようになり、「あまとり（胡燕）」とも呼ばれました。外見（外部形態）がよく似ているツバメとアマツバメが奈良時代から既に区別して認識されていたわけで、日本人の自然観察眼の鋭さには改めて感心させられます。

▼アマツバメ（雨燕）*Apus pacificus* アマツバメ属、全長二〇センチメートル、翼開長四三センチメートル、春・秋、普

体の割に細長い翼は鎌の刃形をしていて、尾羽も長めで深い凹尾です。体は全体に黒褐色で、腰と喉が白く、腹面には不明瞭な横斑があります。趾は四本とも前向きで鉤形の鋭い爪を崖の縁にかけてぶら下がるようにして止まります。

奈良時代から「あめ」の名で知られていて、平安時代にアマツバメ（胡燕）や「あまとり」と呼ばれるようになりました。その語源は、天気が悪化して山が荒れ模様になって雨が降りそうになると山麓へ下りて来て目立つようになるからです。ほかに、天にすむツバメという説もありますが、こちらは晴天の日の生態にぴったりです。

ユーラシア大陸東部で繁殖していて、四亜種に分けられています。日本では亜種アマツバメ *A. p. kurodae* が夏鳥として渡来していて、本州・四国・九州の高山から海岸に至るまでの岩壁に集団営巣しています。岩壁の裂け目や隙間に草木の枯れた細根や茎、葉などを粘着性がある唾液で固めて椀形の巣を造り、純白の卵を通常二個産むとか。春や秋の渡りの時季には市街地の上空でも普通に見られます。近くをかすめ飛ぶときにはヒューと凄まじい羽音がすることから熊本県内では「かざきり」とも呼ばれています。

▼ハリオアマツバメ（針尾雨燕）*Hirundapus caudacutus* ハリオアマツバメ属、全長二一センチメートル、翼開長五〇センチメートル、春・秋、普

アマツバメより大きくてヒヨドリくらいの大きさがあり体は紡錘形をしています。細長い鎌形の翼はアマツバメより幅が広く、尾羽は短くて分岐せず、羽軸の先が針のように突出していてその名があります。ちなみに学名の種小名 *caudacutus* は尾が尖ったという意味です。体は黒褐色で、喉と下尾筒が白く、背から腰にかけても白っぽくしています。アマツバメより頑丈そうで重量感があり、飛ぶために研ぎ澄まされた体形はまさに弾丸といった感じで鳥類中最速といわれ時速二五〇キロメートルで飛べるといわれています。

江戸時代まではアマツバメと区別されていなかったようで、アマツバメや「あまとり」と呼ばれていました。

ヒマラヤ以東のアジアに分布していて、四亜種に分けられています。日本では基亜種のハリオアマツバメが夏鳥として渡来していて、本州中部以北の高山や北海道で繁殖しています。岩壁の裂け目や大木の樹洞に空中で集めた枯れ葉などを唾液で固めて皿形の巣を造り、純白の卵を二～三個産むとか。九州では旅鳥として春と秋の渡りの時季にアマツバメ同様普通に見られます。

▼ヒメアマツバメ（姫雨燕）*Apusnipalensis* アマツバメ属、全長一三センチメートル、翼開長二八センチメートル、年中、普

アマツバメの仲間では最小でツバメくらいの大きさしかありません。「ヒメ（姫）」には小さくて可愛らしいという意味があり、アマツバメを小型化した感じです。体が黒褐色で腰と喉が白いのは共通していますが、尾羽は短めで浅い凹尾です。

元来、南方系の鳥で、ユーラシア・アフリカ両大陸の熱帯から亜熱帯にかけて広く分布していて、七～八亜種に分けられています。日本産の亜種ヒメアマツバメ *A. n. kuntzi* は尾羽の凹みが最も浅くて飛んだとき

のシルエットはアマツバメよりむしろハリオアマツバメに似て見えます。

二十世紀になって分布拡大の傾向があり、日本では昭和四年（一九二九）に南大東島で一羽採集されたのが最初の記録で、昭和四十年（一九六五）には鎌倉市内で繁殖が確認され、その後、繁殖は、宮崎（一九六八年）、沖縄（一九六九年）、鹿児島（一九七三年）、熊本（一九七六年）と九州を中心に相次いで確認されました。巣は、侵入当初はコシアカツバメやイワツバメ、ツバメなどツバメ科鳥類の古巣を改装して使用することが多く、改装した巣では入口に羽毛が付いていますのですぐに分かります。侵入して時が経つにつれて最初から自作の巣を造るようになります。巣は、育雛のためだけでなく塒としても一年中使用されており、冬季の寒い日などには一日中巣内で過ごすこともあるようです。朝は夜明け前の薄暗いうちからチリリ…と鋭い声で鳴き交わしながら数羽で飛び交って採餌しています。

カラス類（スズメ目カラス科）

権兵衛が種蒔きゃ烏がほじくる。三度に一度は追わずばなるまい―なんとおおらかな俗謡でしょう。人が食べる物ならほとんど何でも食べる雑食性の鳥にとって田畑は格好の採餌地で、人が農耕を始めると、より身近な鳥になったと考えられます。農作物を盗食したり、生ごみをつつき散らかしたりする困った一面がありますが、八百万《やおよろず》の神々の存在を信じて自然の中で謙虚に生きてきた日本人はそんな烏も許して共生していこうとの思いが感じられます。烏は、黒い羽色や、死肉をも食う強い雑食性から死を連想させる不吉な鳥として忌み嫌われ、他方では賢いことから山の神のお使いとして崇められるなど吉凶両面を併せもつ不可思議な鳥と認識されて

カラス１銭黄銅貨

きました。

奈良時代から「からす（烏）」の名で総称されていましたが、西欧文明の影響で博物学が盛んになった江戸時代中期から現在のようにハシブトガラス、ハシボソガラス、ミヤマガラス、コクマルガラスと細かく種類分けして呼ばれるようになりました。

▼ハシブトガラス（嘴太鴉）*Corvus macrorhynchos*　カラス属、全長五七センチメートル、年中、普

太い嘴を有していて、学名の種小名 *macrorhynchos*（太い嘴）にもなっており、江戸時代中期からハシブトガラス（嘴太鴉）と呼ばれています。ちなみに中国名は巨嘴鳥です。体もハシボソガラスより大きく、上嘴は盛り上がっていて額が出っぱっていますので横顔の輪郭は極端に言うとM字形をしています。鳴き声はカァカァと澄んだ感じで、頭部を前方に突き出すようにして鳴きます。

南方系の鳥で、東南アジアの熱帯雨林起源とみられ、英名はJungle Crowです。分布域は、ハシボソガラスよりも狭く、アフガニスタン以東のアジア中南部で、一四もの亜種に分けられています。日本では亜種ハシブトガラス *C. m. Japonensis* がトカラ列島から北海道まで全国的に普通に生息していて、人里離れた高山の山頂部から大都会のビル街までいろんな場所で見られます。熱帯ジャングルと大都会のコンクリート・ジャングルでは大違いですが、どちらも見通しが悪いことは共通していて生息環境の重要な条件になっているようで、それで大声で鳴いて連絡し合っています。強い雑食性ですが、動物質、なかでも脂肪分を好む傾向がみられます。

▼ハシボソガラス（嘴細鴉）*Corvus corone*　カラス属、全長五〇センチメートル、年中、普

ハシボソガラス（嘴細鴉）と江戸時代中期から呼ばれていますが、それは先述のハシブトガラスと比べてのことで、見た目にはそれほど差があるわけではありません。それでハシブトガラスとの区別には嘴そのもの

の大きさよりも横顔の嘴から額にかけてのラインに注目したほうがよいでしょう。つまり、ハシボソガラスではなめらかなのに対して、ハシブトガラスは先述のように額が出っぱっていて上嘴も盛り上がっていますので段差があるのです。ただ、ハシボソガラスも興奮すると羽毛を逆立てて頭が丸くなりますので要注意です。

　また、鳴き声や鳴く姿勢も違っています。ハシブトガラスについては先述しましたので省きますが、ハシボソガラスはガァガァと濁った感じで頭を上下させながら御辞儀をするような格好で鳴きます。

　更に、飛んだ時には尾羽の先端部がハシボソガラスでは角尾に近く、ハシブトガラスでは丸みをおび尾羽も長めで体全体も細長く見えます。また、羽ばたきは、ハシボソガラスでは振り幅が大きくて力強い感じなのに対してハシブトガラスでは小さくて軽快な感じがするなど違っています。

　ユーラシア大陸の中北部に広く分布していて、六亜種に分けられています。日本では亜種ハシボソガラス *C. c. orientalis* が北海道から九州にかけて全国的に生息していて各地で普通に見られ、ハシブトガラスと一緒にいることもありますが、元来、北方系の草原性であることを反映してか田畑のように広く開けた場所を好むようです。強い雑食性ですが植物質を多く摂る傾向があるようで、先述の権兵衛さんが蒔いた種をほじくり出すのはハシボソガラスとみられます。

▼ミヤマガラス（深山鴉）*Corvus frugilegus*　カラス属、全長四七センチメートル、冬、普

　先述のハシボソガラスより少し小さくて嘴も更に細い。成鳥では嘴基部の剛毛が抜け落ちているので余計に細く見え、剛毛が抜けた部分が白っぽく見えますのですぐ分かります。ちなみに中国名は禿鼻烏鴉です。ただ、幼鳥の外見（外部形態）はハシボソガラスとよく似ていますので区別するには鳴き声などにも注意が必要です。カララララ、カラララと細く弱々しい声で鳴きます。

ユーラシア大陸の温帯から亜寒帯にかけ東西に横断するように広く繁殖していて、三亜種に分けられています。日本では繁殖していませんが、近くでは朝鮮半島で亜種ミヤマガラス *C. f. pastinator* が繁殖していて、日本には冬鳥として渡来しています。従来は主に九州で越冬していましたが、近年は越冬地が日本海側沿いに拡大していて本州はおろか北海道でも越冬しています。

江戸時代中期からミヤマガラスの名で知られていますが、「ミヤマ（深山）」の名に反して専ら平地の田畑に大群をなしています。冬鳥で、夏季には見られなくなるので深山《みやま》に引き籠っているとでも思われたのでしょうか。大群をなすことから熊本県内では「むれがらす」（阿蘇市）や「千匹ガラス」（宇土市・宇城市）なども呼ばれています。大群で採餌しますので一か所に永く留まっていることはできず、餌を求めて点々と渡りあるくことになります。越冬地でもまさに〝旅鳥〟で、阿蘇市では「たびがらす」とも呼んでいます。落葉した木々や電線に鈴なりに止まっている光景は九州ではおなじみの冬の風物詩になっています。学名の種小名 *frugilegus* は果実や農作物を啄むという意味ですが、日本では現在のところ農作物の食害問題はとくに発生していないようです。群れる習性が強くて、営巣も集団でしているそうで、集団営巣地を意味する英語のRookery《ルックリー》の「Rook」はミヤマガラスのことです。

▼コクマルガラス（黒丸鴉）*Corvus dauuricus*　カラス属、全長三三センチメートル、冬、普

先述のミヤマガラスより更に小さくてドバトくらいの大きさしかなく、後頭から脇、腹にかけて白く、まるで白い幅広の長いショールをまとったようなものや、その白色部が灰色のもの、更には後頭部分だけが白いものなどもいます。ただ、幼鳥は全身が黒くて「とうがらす」とも呼ばれています。

江戸時代中期からコクマルガラスの名で知られています。「コク」は黒、「マル」は丸で、牛若丸や小型船舶の何々丸の「丸」と同じ接尾語で小さいことを意味しています。要するに黒い小さな鴉ということです。

アジア東部で繁殖していて、日本には冬鳥として主に九州に渡来しています。雑食性で、たいていミヤマガラスの群れに混じって見られ、通常は数羽から数十羽くらいのことが多いが、ときにはコクマルガラスだけでの二〇〇羽を超す群れも見られます。白色羽がある成鳥は少なく、全身が黒い幼鳥が圧倒的に多くて九割以上を占めています。かつて日本ではまれな冬鳥とされていましたが、昭和四十八（一九七三）頃から九州では毎冬見られるようになり、それほど珍しい鳥ではなくなっています。

なお、コンラート・ローレンツの動物行動学を解説した名著『ソロモンの指環』に出てくる〝永遠にかわらぬ友〟のニシコクマルガラス *C. monedula* はコクマルガラスと近縁で酷似していて、かつて両者は同種と見做されていたこともありますが、眼の虹彩が、コクマルガラスでは黒っぽいのに対して銀白色でよく目立ちますので容易に区別できます。バイカル湖以西で繁殖していて、日本では昭和六十年（一九八五）五月に北海道の天売島で一羽が確認され、平成二十三年一月には熊本市西部の刈田で一羽が確認されて撮影もされています。

▼カササギ（鵲）*Pica pica*　カササギ属、全長四五センチメートル、年中、普

白黒ツートンカラーの尾羽が長いドバト大の鳥で、飛ぶと翼の白さが余計に目立って全体的により白っぽく見えます。腹と肩羽と初列風切が白いほかは緑色や紫色がかった光沢がある黒色で、尾羽は二六センチメートルと長くて全長の半分以上を占めています。

ユーラシア大陸のほぼ全域と北アメリカ大陸西部、それにアフリカ大陸の一部と広く分布していて、一一もの亜種に分けられています。日本での分布は局地的で九州北西部の佐賀平野を中心とした有明海沿岸部に留鳥として生息しています。生息地は国の天然記念物（一九二三年指定）になっていて、カササギそのものも佐賀県民の鳥（一九六五年選定）になっています。ちなみにお隣の韓国では国鳥になっています。

日本にはもともといなかった鳥で、日本の三世紀頃のようすが記されている中国の歴史書『魏志倭人伝』には倭国（日本）には牛・馬・羊などとともにカササギ（鵲）もいないとあります。日本にいるのと同じ亜種カササギ *P. p. serica* は東アジア中南部に分布しており、日本には朝鮮半島から移入されたのです。古くは推古天皇や天武天皇治世の飛鳥時代に移入されたことが『日本書紀』に記されていますが、これらは定着しなかったようです。その後、豊臣秀吉の朝鮮出兵（一五九二〜一五九七年）の際に、鳴き声がカチカチ（勝ち勝ち）と縁起が良いということで九州の各藩主が持ち帰って放鳥し、それらが十六世紀末から十七世紀初めくらいにかけて定着したようで、そのことを裏打ちする郷土資料もいくつか見つかっています。

飛鳥時代からカササギ（鵲）の名で知られており、その語源は、『東雅』では「カサ」は朝鮮での古名（現代名はカチ）で、「サギ」は日本語の騒がしいという意味としており、『大言海』では「カサ」が朝鮮での古名であるとするのは同じですが、「サキ」は漢名（中国名）の「サク（鵲）」としていて、つまり朝鮮名と漢名（中国名）が合わさった名としています。ところで朝鮮名の「カサ（現代名カチ）」は鳴き声のカシャカシャやカチカチによっているとみられ、日本でも「かちがらす（勝烏）」（肥前）の方言名もあります。

巣は集落付近の銀杏や欅や柿などの高木のほか電柱などに多量の枯れ枝で造られ、横に入口がある直径四〇〜一〇〇センチメートルもある球形をしていて、早いものは繁殖前年の十月下旬頃から造り始められます。ハシボソガラスが競合関係にあることが江戸時代から知られており、従来はカササギは平野部の田んぼに、ハシボソガラスは丘陵地の畑に、そしてハシブトガラスは山地の森林にといった具合に大まかに棲み分けていましたが、丘陵地や山地の開発が進んでハシボソガラスやハシブトガラスが平野部に進出して体が小さいカササギを圧迫しています。そのせいもあってか近年、電柱に営巣することが多くなって、しかも、巣

カササギ

材に針金製のハンガーなどを用いることも多くて停電事故も増加しています。

ムクドリの仲間（スズメ目ムクドリ科）

スズメとドバトの中間大の果実を好む洞巣性の鳥で、人間が栽培している果実や、人工建造物の隙間は格好の営巣場所として魅力的で、人間生活にかなり依存した生活をしています。ただ果実を食害するだけではなく、雑食性で果樹の有害虫を捕食して駆除してくれています。

ムクドリは安土桃山時代から、コムクドリは江戸時代中期からそれぞれの名で知られています。

▼ムクドリ（椋鳥）*Spodiopsar cineraceus*　ムクドリ属、全長二四㌢《センチメートル》、年中、普

顔の白と、飛んだときの腰の白さ、それに嘴と足の橙黄色が目立つほかは全体に煤けたように黒っぽくて、体も少々太り気味で見栄えがしない野暮ったい感じで、かつては御上りさんの代名詞にされていたこともあります。ちなみに学名の種小名 *cineraceus* は灰色という意味です。

安土桃山時代からムクドリの名で知られています。その語源は、『大言海』では「ムクんだ鳥」または「むれきどり（群来鳥）」の略転かとしており、『日本鳥名由来辞典』では椋の実を食べるからとしていて、それぞれ形態や生態を捉えていて甲乙つけ難い。

東アジア特産で私が住んでいる熊本県内ではかつては冬鳥でしたが、昭和五十九年（一九八四）頃から繁殖するようになって急増し、現在では熊本県のみならず、九州以北の全国各地で普通に繁殖しています。樹洞のほかに、人家の軒下やビルの通気孔などの人工建造物の隙間にも営巣し、巣箱もよく利用します。非繁殖期の秋から冬にかけては数千、ときには数万もの大群で街路樹などに集団就塒し、キュルキュルやリャー

リャーの鳴き声が騒々しいとか、糞や羽毛で歩道が汚れ不潔になるなどと嫌がられています。熊本県南部の人吉・球磨地方では鳴き声の騒々しさから「ばめき」とも呼ばれています。

　雑食性で、田畑やゴルフ場などに群れて採餌し、農作物の有害虫なども捕食して駆除してくれています。その有益性に既に江戸時代に気づいていた土佐藩の家老、野中兼山（一六一五～一六六三年）は、ムクドリには千羽に一羽の割合で毒鳥がいると吹聴してむやみに捕って食べないようにしたとか。千羽に一羽の割合というのがみそで、十羽や百羽に一羽の割合ではすぐ嘘だとばれてしまい、かといって万羽に一羽の割合ではほとんど無いに等しくて無視されてしまいそうです。千羽に一羽の割合ですと有りそうで無さそうで注意を換起するには最も効果的な割合といえそうです。

　しかし、増殖するにつれて昭和五十年（一九七五）頃からナシやカキ、ブドウ、モモなどの果実類の食害が目立ってきているとか。

▼コムクドリ（小椋鳥）*Agropsar philippensis*　コムクドリ属、全長一九センチメートル、春・秋、普

　ムクドリより小さいだけでなく、嘴や足は黒くて羽色もだいぶ違います。雄は頭が白くて頭側から頬、胸側にかけての赤褐色と、黒っぽい翼の白帯が目立ち、腰も淡い橙色をしています。雌は全体に淡色で、頭部から腹面にかけては灰白色で赤褐色部は無くて翼の白帯もありません。

　江戸時代中期からコムクドリの名で知られていて、「しまむくどり」や「あさまきどり」（信濃）、「ばめき」（薩摩）などとも呼ばれました。「しまむくどり」はシマフクロウなどと同様に少し異なったムクドリ、「あさまきどり」は麻の種を蒔く時季に渡来する鳥、「ばめき」は鳴き声が騒々しい鳥といった意味でしょう。熊本県内でも阿蘇や球磨地方ではムクドリ同様に「ばめき」とも呼んでいます。

　日本のほか、サハリンと千島で繁殖していて、冬季にはフィリピンやカリマンタン島（ボルネオ島）などに

渡るとされています。ちなみに学名の種小名 *philippensis* は越冬地のフィリピンに由来しています。日本では夏鳥で、本州中部以北、北海道で繁殖していて、それより南の地では旅鳥として春と秋の渡りの時季に見られます。市街地でも見られ、殊に秋には群れでキュルキュル騒々しく鳴き交わしながら飛び回って柿の実を啄んだり、夜には市街地の街路樹にスズメやムクドリなどと一緒に騒々しく鳴き交わしながら集団就塒していることもあります。

▼ホシムクドリ（星椋鳥）*Sturnus vulgaris*　ホシムクドリ属、全長二一センチメートル、冬、少

冬羽は緑色や紫色の光沢がある黒色に黄白色の斑点が全身にいっぱいあって夜の星空を彷彿とさせることからその名があります。ちなみに中国名は紫翅椋鳥です。

ユーラシア大陸の中部以西に自然分布していましたが、北アメリカ大陸やアフリカ大陸南部、オーストラリア大陸、ニュージーランドなどにも人為的に移入されて世界的に分布が拡大、亜種分化して一一もの亜種に分けられています。けっこう長生きのようで野外で二〇年生きた記録があります。

日本では昭和四十四年（一九六九）十二月二十七日に鹿児島県出水市荒崎で亜種ホシムクドリ *S. v. poltaratski* 一羽が初めて確認され撮影もされました。その後、昭和四十八年（一九七三）十一月十一日に熊本県熊本市の下江津湖畔でムクドリの群れに混じっている同亜種一羽が確認され、同年十二月二日には最大の三羽が見られました。熊本県内ではその後も昭和五十六年（一九八一）十一月上旬に菊池川河口左岸の有明海に面した横島干拓地でも一羽見られています。近年、日本でも分布拡大の傾向があるようです。

ホシムクドリ（冬羽）
（カンボジア王国の郵便切手）

ハト類（ハト目ハト科）

植物食で、ドバトやキジバトは主に草本の種子や実を食べ、アオバトは果実を食べています。

ドバトはカワラバトを家禽化したものが再び野生化したもので、かつては専ら神社仏閣のお堂に営巣していたことからその名が付きましたが、コンクリートビルが多くなると、故郷の岩場に見立てて営巣するものが多くなり、〝糞害〟などが問題になっています。キジバトはかつては専ら「山鳩《やまばと》」と呼ばれて野生鳩の代表としてみられていましたが、一九六〇年頃から全国的に街鳩化!?が進み、現在ではかつてのドバトよりも身近な鳥となっている地域が多くなっていて、野生鳩らしさを残しているのはアオバトだけになっています。

日本在来の野生鳩は平安時代には細かく区別されずに「山鳩《やまばと》」と総称して呼ばれていて、江戸時代になるとキジバトやアオバトと区別して呼ばれるようになりました。

▼キジバト（雉鳩）*Streptopelia orientalis*　キジバト属、全長三三《センチメートル》、年中、普
成鳥の頸の両側には青灰色と黒の特徴的な鱗模様がありますが、幼鳥にはありません。ちなみに学名の属名 *Streptopelia* は首輪のある鳩という意味です。なお、飛んだときには尾羽先端部の灰白色もよく目立ちます。

江戸時代前期からキジバトと呼ばれており、その語源は『本朝食鑑』では羽毛に斑があって雉（雌）に似ているからとしていて、漢字では雉鳩と書いています。ちなみに中国名は山斑鳩です。なお、「ハト（鳩）」の語源は、『東雅』は「はやとり（速鳥）」の意とし、『大言海』は羽音のハタハタトの意としていて、どちらの説も生態の一面を捉えていて甲乙つけ難い。

私にはキジの雌よりもチョウゲンボウの雄により似ているように見えます。繁殖期に雄がパタパタと力強

い羽音を立てて舞い上がり、翼と尾羽を精一杯開いて滑空するディスプレイ飛翔もチョウゲンボウなどと紛らわしく、これらは自分を強く見せるための擬態とも受け取れるのです。

ユーラシア大陸の中央部で広く繁殖していて、四亜種に分けられています。日本では基亜種のキジバトが屋久島以北、北海道にかけて、亜種リュウキュウキジバト *S. o. stimpsoni* が奄美諸島以南、琉球諸島にかけて、それぞれ留鳥ないしは漂鳥として普通に生息しています。平安時代から山鳩《やまばと》と呼ばれて野生鳩の代表のようにみられてきました。山地で繁殖して冬季には低地にも姿を見せる地域が多くて、私が住んでいる熊本県内でもかつてはそうでした。それで昭和四十四年（一九六九）五月二十三日に県南部の人吉市内で一羽見かけたときは時季的にみて意外に思ったものです。その後、昭和五十三年（一九七八）五月二十一日に球磨郡五木村宮園の墓地にあるヤブツバキで営巣も確認し、昭和五十八年（一九八三）には熊本市内でも繁殖を相次いで確認しました。このような市街地での繁殖と留鳥化は一九六〇年頃から全国的にみられています。

キジバトの抱卵　1978 年 5 月 21 日
球磨郡五木村宮園で

キジバト

繁殖期の雄は、低い声でデデポーポーと繰り返し鳴き、雌を見つけると御辞儀をするような動作をしながらクークッと鳴いて求愛し、ときにプンとかクゥとかおならのような奇妙な音も発します。

巣は、枯れた小枝を積み重ねて浅い皿形に造り、純白の卵を二個産みます。雄が小枝を運び、雌がそれを受け取って積み上げておよそ四日間で完成させますが、粗雑で卵が下から透けて見えそうです。古巣もよく再利用し、主に地上一～八メートルの枝上に造りますが、南西諸島の天敵がいない離島や北海道西部では地上営巣も知られています。抱卵は、雌雄協同でし、昼間は雄、夜間は雌がし、朝は八～一一時の間に雌から雄に、夕は一五～一七時の間に雄から雌に交替します。抱卵開始から一五～一七日目に孵化しますが、その後も四日間くらいは卵のとき同様に雌雄交替で雛を抱き続けます。

　親鳥は種子や果実などのほか昆虫なども食べていますが、雛には当初は〝鳩乳（ピジョン・ミルク）〟が与えられます。親鳥の嗉嚢《そのう》の内壁が厚肥して剝げ落ちたもので、タンパク質や脂肪に富んでいて乳に似ていることからそう呼ばれていますが、乳糖やカゼインは含まれていません。雌雄とも抱卵開始一〇日目頃からつくられ、雛が孵化したときの嗉嚢内壁の厚さは通常の二〇倍くらいにもなっています。まさに親鳥の我が身を削っての献身的な育雛で孵化後一五～一六日目に巣立ちます。このような独特の育雛法で年に二～三回繁殖し、ほとんど一年中繁殖しています。なお、繁殖していないものは数羽から十数羽で群れています。

▼アオバト（緑鳩）*Treron sieboldii*　アオバト属、全長三三センチメートル、年中、少

　全身がほぼ緑色で、額から顔、胸にかけては黄色みが強く、腹は白っぽく、脇や下尾筒には黒緑色の縦斑があってクマザサの葉のようです。雄は肩の部分が赤褐色なので雌とは容易に区別できます。

　古くには緑（グリーン）と青（ブルー）は現在のように明確に区別されていなかったようで、語源は緑色の羽色によっているようです。江戸時代からアオバトと呼ばれていて現在に至っています。ちなみに英名はJapanese Green Pigeon（日本産緑鳩）です。

　元来、南方系森林性の果実食で、日本のほか台湾やインドシナ半島に分布していて、三亜種に分けられています。日本には最も北方に生息する基亜種のアオバトが九州から北海道にかけて繁殖しています。学名の

種小名 *sieboldii* は採集者のシーボルトのことです。本州以南では留鳥ないしは漂鳥ですが、北海道では夏鳥です。冬季に九州には北方から飛来するものもいるようで、数が増して群れも見られます。

よく茂った広葉樹林に生息し、特にカシやシイの実を好んで食べるようです。緑色の美しい羽毛も森林中ではかえって目立たず、オーアーオーとちょっと赤ん坊のような独特の鳴き声で存在に気づかされることが多い。その鳴き声から熊本県北部の玉名地方では尺八鳩《しゃくはちばと》とも呼んでいます。海水を飲むことでも知られており、西外輪山麓の有明海に面した岩礁には夕方になると数羽の群れで飛来して海水を飲むのが見られます。

▼ドバト（堂鴿）*Columba livia var. domestica*　カワラバト属、全長約三三センチメートル、年中、普

ユーラシア大陸の中部以西及びアフリカ大陸に分布しているカワラバト *Columba livia* を紀元前三千年頃にエジプトで家禽化したとされるものが再び野生化したものです。日本には仏教と関連して大和・飛鳥時代に移入されたようで、神社仏閣で保護、飼育され、お堂によくすみつくようになったことから堂鴿《どばと》の名が付きました。なお、後では軍神・八幡神《はちまんしん》のお使い、あるいは平和や無垢の象徴（シンボル）としても大切にされ、更に明治時代以降は伝書鳩としての飼育も盛んに行われました。

昭和三十年（一九五五）代に穀物の輸入量が増加して、建設ラッシュになるとコンクリートビルを故郷の岩場に見立てて大繁殖し〝野良鴿〞も増加して穀物の食害のほか、建造物での糞害なども問題になり〝ドバト公害〞とまで言われるようになりました。殊に糞は神社仏閣やマンションなどの美観を損なうだけでなく、オウム病やクリプトコッカス症などの発生源にもなることから昭和三十七年（一九六二）から有害鳥として駆除されています。

ドバト5銭錫貨
（1946年）

〈野鳥の天敵アオダイショウ〉

野外で野鳥の生態観察を長年続けていますと、野生に生きることの厳しさを痛感させられる場面に遭遇することもけっこうあります。野鳥の天敵はいろいろいますが、ヘビ類ではアオダイショウ（青大将）*Elaphe climacophora* が最大の天敵です。日本産のヘビ類では最大で、全長は二メートルを超すものもいて、それで日本のヘビ類の〝大将〟ということでしょうか。日本固有種で、トカラ列島の中之島から北海道までの各地に普通に生息していて、時に話題になる〝大蛇〟騒動の正体はそのほとんどがこの蛇のようです。

成蛇は褐色を帯びた暗緑色で不明瞭な暗い四本の縦縞があります。幼蛇は青みを帯びた暗緑色に黄褐色の梯子状の模様が明瞭で成蛇とはまるで異なりマムシと間違われそうです。しかし、瞳が丸いことで区別できます。なお、余談になりますが山口県岩国市の〝シロヘビ〟（生息地は国の天然記念物）は本種の白化型（アルビノ）です。

主に鳥類やネズミ類を締め殺してから丸呑みにしています。体が大きいだけに相当大きいものまで捕食し、霧島山系の新燃岳で昭和三十七年（一九六二）十月三十一日に見た蛇行不能で動けなかったアオダイショウは、なんとキュウシュウノウサギの仔を呑み込んでいました。今となっては写真を撮っておかなかったことが後悔されます。木登りが巧みで、腹面の幅広い鱗の両側の角張ったところを樹皮の隙間などにひっかけて登るのです。その体色も樹上では迷彩効果がありそうです。鳥は雛だけでなく卵も呑みます。卵殻は食道内に鋸歯状に並んでいる脊椎骨の下突起で押し割ります。卵を呑んだら高い所から落ちて割るなどとまことしやかに言われていますが、それは単に蛇行不能による落下事故の結果にすぎません。事故といえば、ときに高圧線の鉄塔に登って感電死することもあります。これまで我が家の庭ではキジバトの卵が二度（計四個）呑まれましたし、隣家で

ヤマガラの雛を襲うアオダイショウ
1979 年 6 月 1 日　金峰山で

モズの雛を襲うアオダイショウ
1973 年 4 月 3 日　河内町白浜で

キジバトの卵を呑むアオダイショウ
2012 年 8 月 23 日　熊本市西区春日の自宅庭で

は棟瓦下のスズメの雛が呑まれました。また、西山では生態観察中のモズの雛やヤマガラの雛が呑まれてしまいました。

かつて古い農家では、天井や穀物倉庫などにすみついていて家ネズミを捕食していたものです。それで熊本県内では「ねずみとり」とか「やしきへび」（上益城、下益城）、「やわたり」（阿蘇、芦北）、「やくぐり」や「やっぐい」（球磨）なども呼んでいました。ちなみに英名は Rat Snake（鼠捕り蛇）でネズミ類の天敵として知られていますが、私としては Bird Snake（鳥捕り蛇）と改名したいと思っているところです。

里山の鳥類生息状況一覧

（※鳥名と配列は、日本鳥類目録改訂第七版（日本鳥学会　二〇一二）に準拠）

目	科	属	種	生息環境 樟・樫	梅・桜	檜・松	竹	蜜柑	梨・柿	畑・草地	水辺	集落	時季	目撃頻度
キジ	キジ	コジュケイ	コジュケイ				●	●					年	普
		ヤマドリ	ヤマドリ	○		○		○					年	少
		キジ	キジ		○			●		○			年	普
ハト	ハト	カワラバト	ドバト	○	○					○		●	年	普
		キジバト	キジバト		○	●		●		○		●	年	普
		アオバト	アオバト	○	○								年	少
コウノトリ	コウノトリ	コウノトリ	コウノトリ					○					秋	希
ペリカン	サギ	ミゾゴイ	ミゾゴイ	●							○		夏	少
		ゴイサギ	ゴイサギ				●				○		年	普
		ササゴイ	ササゴイ	●							○		夏	普
		アカガシラサギ	アカガシラサギ	●							○		年	少
		アマサギ	アマサギ				●			○	○		夏	普
		アオサギ	アオサギ				●				○		年	普
			ムラサキサギ					○					春	希
			ダイサギ				●				○		夏	普
		コサギ	チュウサギ				●			○	○		夏	少

※○は確認、●は繁殖

目	科	属	種	生息環境：樟・樫	生息環境：梅・桜	生息環境：檜・松	生息環境：竹	生息環境：蜜柑	生息環境：梨・柿	生息環境：畑・草地	生息環境：水辺	生息環境：集落	時季	目撃頻度
ペリカン	サギ	コサギ	コサギ				●				○		年	普
カッコウ	カッコウ	カッコウ	ホトトギス	○	○								夏	普
			ツツドリ	○	○								春秋	普
			カッコウ		○					○			春秋	普
ヨタカ	ヨタカ	ヨタカ	ヨタカ					●		○			夏	少
アマツバメ	アマツバメ	ハリオアマツバメ	ハリオアマツバメ							○		○	春秋	普
		アマツバメ	アマツバメ							○		○	春秋	普
			ヒメアマツバメ							○		●	年	普
チドリ	シギ	ヤマシギ	ヤマシギ			○		○					冬	少
タカ	タカ	ハチクマ	ハチクマ	●		●							夏	少
		トビ	トビ			●					○		年	普
		ハイタカ	ツミ			○		○	○	○		○	秋	普
			ハイタカ		○	○		○		○		○	冬	普
			オオタカ		○	○				○			冬	普
		サシバ	サシバ		○	●				○			夏	少
		ノスリ	ノスリ		○			○		○			冬	普
フクロウ	フクロウ	コノハズク	オオコノハズク	○	○			○					冬	少

目	科	属	種	生息環境：樟・樫	生息環境：梅・桜	生息環境：檜・松	生息環境：竹	生息環境：蜜柑	生息環境：梨・柿	生息環境：畑・草地	生息環境：水辺	生息環境：集落	時季	目撃頻度
フクロウ	フクロウ	フクロウ	フクロウ	●		○	○	○					年	普
		アオバズク	アオバズク		●			○				●	夏	普
		トラフズク	トラフズク			○		○					冬	少
サイチョウ	ヤツガシラ	ヤツガシラ	ヤツガシラ							○			春	希
ブッポウソウ	カワセミ	アカショウビン	アカショウビン	○									春	少
		カワセミ	カワセミ								○		年	普
		ヤマセミ	ヤマセミ								○		冬	少
	ブッポウソウ	ブッポウソウ	ブッポウソウ	○									春	少
キツツキ	キツツキ	アリスイ	アリスイ		○								冬	少
		アカゲラ	コゲラ		●							○	年	普
		アオゲラ	アオゲラ	●	○	○	○						年	普
ハヤブサ	ハヤブサ	ハヤブサ	チョウゲンボウ					○		○			冬	普
			アカアシチョウゲンボウ					○		○			秋	少
			コチョウゲンボウ					○		○			冬	普
			チゴハヤブサ					○		○			秋	普
			ハヤブサ					●		○			年	普
スズメ	サンショウクイ	サンショウクイ	サンショウクイ	○	●	○							夏冬	普

目	科	属	種	樟・樫	梅・桜	檜・松	竹	蜜柑	梨・柿	畑・草地	水辺	集落	時季	目撃頻度
スズメ	カササギヒタキ	サンコウチョウ	サンコウチョウ	●		●							夏	少
	モズ	モズ	モズ		○		●	○	○	○	○	○	年	普
			アカモズ							○			秋	少
	カラス	カササギ	カササギ		○					○		●	年	普
		カラス	コクマルガラス							○			冬	普
			ミヤマガラス						○	○			冬	普
			ハシボソガラス		●			○	○	○		●	年	普
			ハシブトガラス	●				○	○			●	年	普
	キクイタダキ	キクイタダキ	キクイタダキ	○		○							冬	普
	シジュウカラ	コガラ	ヤマガラ	○	●				○			○	年	普
		シジュウカラ	シジュウカラ		○			●	○			●	年	普
	ツバメ	ツバメ	ツバメ							○	○	●	夏	普
			コシアカツバメ							○	○	●	夏	普
		イワツバメ	イワツバメ							○	○	●	夏	普
	ヒヨドリ	ヒヨドリ	ヒヨドリ	●	○			●	○	○		●	年	普
	ウグイス	ウグイス	ウグイス		○		●	●	○			○	年	普
		ヤブサメ	ヤブサメ		○	●	○					○	夏	普

（生息環境：樟・樫／梅・桜／檜・松／竹／蜜柑／梨・柿／畑・草地／水辺／集落）

目	科	属	種	生息環境 樟・樫	梅・桜	檜・松	竹	蜜柑	梨・柿	畑・草地	水辺	集落	時季	目撃頻度
スズメ	エナガ	エナガ	エナガ	●	○	○						○	年	普
	ムシクイ	ムシクイ	キマユムシクイ	○									秋	少
			メボソムシクイ	○	○								春秋	普
			センダイムシクイ	○	○								春秋	普
	メジロ	メジロ	メジロ	○	●		○	●	○			●	年	普
	チメドリ	ガビチョウ	ガビチョウ	○		○							年	普
		ソウシチョウ	ソウシチョウ		○		○						年	普
	レンジャク	レンジャク	キレンジャク		○				○			○	冬	少
			ヒレンジャク		○				○			○	冬	普
	ミソサザイ	ミソサザイ	ミソサザイ					○			○	○	冬	普
	ムクドリ	ムクドリ	ムクドリ		●				○	○		●	年	普
		コムクドリ	コムクドリ						○				春秋	普
		ホシムクドリ	ホシムクドリ							○			冬	少
	カワガラス	カワガラス	カワガラス								○		冬	少
	ヒタキ	トラツグミ	マミジロ		○	○							春秋	普
		ツグミ	クロツグミ						○				秋	普
			マミチャジナイ	○					○				秋	普

目	科	属	種	生息環境 樟・樫	生息環境 梅・桜	生息環境 檜・松	生息環境 竹	生息環境 蜜柑	生息環境 梨・柿	生息環境 畑・草地	生息環境 水辺	生息環境 集落	時季	目撃頻度
スズメ	ヒタキ	ツグミ	シロハラ	○	○		○		○			○	冬	普
			アカハラ						○	○		○	春秋	普
			ツグミ	○	○				○	○		○	冬	普
		ノゴマ	コマドリ	○									春秋	普
			ノゴマ					○		○		○	春秋	普
		ルリビタキ	ルリビタキ		○		○						冬	普
		ジョウビタキ	ジョウビタキ		○				○	○		○	冬	普
		イソヒヨドリ	イソヒヨドリ		○					○	○	●	年	普
		サメビタキ	エゾビタキ		○								秋	普
			サメビタキ		○								秋	普
			コサメビタキ		○				●			○	夏	普
		キビタキ	キビタキ	○	○	○	●						夏	普
			ムギマキ	○	○								秋	少
		オオルリ	オオルリ		○								夏	普
	スズメ	スズメ	ニュウナイスズメ		○				○	○		○	冬	普
			スズメ		○		○		○	○		●	年	普
	セキレイ	イワミセキレイ	イワミセキレイ					○				○	冬	少

目	科	属	種	生息環境 樟・樫	梅・桜	檜・松	竹	蜜柑	梨・柿	畑・草地	水辺	集落	時季	目撃頻度
スズメ	セキレイ	セキレイ	キセキレイ							○	○	●	年	普
			ハクセキレイ		○					○	○	●	年	普
		タヒバリ	ビンズイ		○	○			○				冬	普
	アトリ	アトリ	アトリ		○	○				○			冬	普
		カワラヒワ	カワラヒワ		○	●		●		○	○	●	年	普
		マヒワ	マヒワ	○	○	○				○			冬	普
		ベニマシコ	ベニマシコ							○	○		冬	少
		イスカ	イスカ			○							冬	希
		ウソ	ウソ		○								冬	普
		シメ	シメ	○	○				○	○			冬	普
		イカル	コイカル	○	○								主に冬	少
			イカル		○	○		○					年	普
	ホオジロ	ホオジロ	ホオジロ		○			●	○	○			年	普
			カシラダカ		○					○			冬	普
			ミヤマホオジロ		○		○			○			冬	普
			アオジ	○	○		○			○		○	冬	普
			クロジ	○	○		○						冬	普

（著者作成）

里山の鳥類相の頂点に位置するサシバ

おわりに

　里山が大きく変貌しています。開発による森林面積の減少もですが、それよりも農林業の衰退による放棄地の拡大が気がかりです。里山の森林は木材にならない樹種は雑木として二〇～三〇年毎に伐採して薪《まき》や炭として家庭用の重要な燃料にされていました。雑木の多くは伐採してそのまま放置しておいても切り株から萌芽して生長し二〇～三〇年後には再び薪炭として利用できるという実に手のいらない合理的な循環型の薪炭林として重宝されていました。雑木林より〝贈木林〟と書きたいくらいの存在だったのです。ところが家庭用の熱源が昭和三十年（一九五五）代に都市ガスやプロパンガス、あるいは電気にとって変わると薪炭林としての役目は無くなり放置されることになったのです。それで半世紀もすると木々は大きく生長して人が分け入るのも困難なほど茂り魑魅魍魎《ちみもうりょう》がすむ原生の森林を彷彿とさせるような状態になってきているのです。

　私の家の裏手にある、毎夕に散策している花岡山（一三二メートル）でも成熟した森林にしかすまないとされていたキツツキ類の一種コゲラが一九七〇年代になると繁殖するようになり、一九九〇年代になるとより体が大きいアオゲラも繁殖するようになりました。また、深山幽谷の鳥とばかり思い込んでいたキビタキも一九九〇年代末から夏季中見られるようになり、渡りの時季にはアカショウビンの鳴き声も聞かれるようになりました。一方、けものにも変化がみられ、二〇一〇年には花岡山や万日山（一三六八メートル）でイノシシが見られるようになり、県内ではイノシシによる人身事故も発生していることからパトカーが出動する騒ぎも起きています。こういった現象は全国的な傾向のようで、本州ではクマによる人身事故も増加傾向にあるとか。こうなると単純に自然度が増したなどと喜んでばかりはいられません。

人は、かつて山麓に原生林を切り開いて家を建て、周辺に田畑を開き、近くの森林で拾った枯れた枝や葉を燃料にするなどして定住生活を始めました。そして生活活動がより活発になると、原生林はより生活に直結する建材に適した木や有用な実をつける木に植え変えてきました。人は、元来、野生動物がすんでいた場所を侵略して生活圏を拡大してきたのです。ところが戦後グローバル化が進み経済性が優先されるなかで外国産の木材や果物と価格面での厳しい競合を強いられ、また、他方では少子高齢化による農林業での後継者不足も深刻で、過疎化が進んで放棄された林畑が広がっているのです。元々人手によって管理されてきた土地ですから人手が加わらなくなると、自然の回復力によって本来の森林に回帰して野生生物の生育、生息地に戻ってしまい、残った田畑では鳥獣害が深刻化しています。里山の現状を果たしてこのまま放置しておいてよいものでしょうか。

そこで思い起こされるのが戦後の復興期によく耳にしていた杜甫の「国破れて山河在り、城春にして草青みたりと」の句です。敗戦によって市街地の多くが焦土と化し、人も多く亡くなって廃墟同然になりましたが、唯一日本の美しい山や川だけは無事に残っていました。その山河を見て人は勇気づけられました。縄文人にたち返ったつもりで頑張ればよいのです。その努力の結果、世界中が驚くような早さで復興を成し遂げて世界有数の経済大国にはなりました。里山は物心両面から日本人をずっとはぐくみ、勇気も与え続けてきてくれた母のような存在なのです。日本の狭い国土で野生生物ともうまく共存していくには里山の状態は今後どうあるべきなのか真剣に考えるべき時にきているように思っています。本書が野鳥をとおして里山の現状に目を向け今後の理想的な有り様について関心をもっていただくきっかけになってくれればと願っています。

最後になりましたが野鳥観察での記録係として、また執筆に際しては率直な感想と意見を述べてくれ、ゲラ校正にも協力してくれた妻直子と、本書の出版に理解とご尽力いただいた弦書房の小野静男氏に感謝の意を表します。

二〇一四年四月十一日

大田眞也

◉引用主要文献・図書

奈良時代（七一〇―七八〇）
『古事記』（七一二）倉野憲司校注　岩波文庫
『日本書紀』（七二〇）坂本他校注『日本古典文学大系68』岩波書店
『万葉集』（七五九）佐々木信綱編　岩波文庫

平安時代（七八一～一一八四）
『延喜式』巻二一『日本古典全集』現代思潮社
『古今和歌集』（九〇五）佐伯梅友校注、岩波文庫
『倭名類聚鈔』（源順、九三四）
『枕草子』（清少納言、一〇〇〇頃）
『拾遺和歌集』（一〇〇一）武田祐吉校訂、岩波文庫
『源氏物語』（紫式部、一〇一一）山岸徳平校注、岩波文庫

鎌倉時代（一一八五～一三三三）
『新古今和歌集』（藤原定家、一二〇五）佐々木信綱校訂、岩波文庫
『八雲抄』（順徳天皇、一二二一？）
『平家物語』（信濃前司、一二四二）『日本古典文学大系22・33』岩波書店
『字鏡集』（菅原為永、一二四五頃）
『夫木和歌抄』（藤原長清、一三一〇）『新編国歌大観2』角川書店

室町時代（一三三六～一五六九）
『蔵玉集』（二条良基?、一三七〇頃）『新編国歌大観5』角川書店
『増鏡』（二条良基?、一三七六）『日本古典文学大系87』岩波書店
『藻塩草』（宗碩?）

江戸時代（一六〇三～一八六七）
〈前期（一六〇三～一七一五）〉
『日葡辞書』（イエズス会、一六〇三）
『和爾雅』（貝原好古、一六九四）
『本朝食鑑』（人見必大、一六九七）
『日本釈名』（貝原益軒、一六九九）
『大和本草』（貝原益軒、一七〇九）白井光太郎校注、有明書房
『喚子鳥』（蘇生堂、一七一〇）
『和漢三才図会』（寺島良安、一七一二）東洋文庫（平凡社）
〈中期（一七一六～一七八八）〉
『東雅』（新井白石、一七一七）
〈後期（一七八九～一八六七）〉
『観文禽譜』（堀田正敦、一七九四）
『百千鳥』（泉花堂、一七九九）
『禽譜』（衆芳軒旧蔵、一八〇〇頃）
『養禽物語（飼鳥必要、鳥賞案子）』（比野勘六、一八〇二）山階鳥類研究所
『飼籠鳥』（佐藤成裕、一八〇六）
『重訂本草綱目啓蒙』（小野蘭山、一八〇六）東洋文庫（平凡社）
『鳥名便覧』（島津重豪、一八三〇）
『雅言音声考』（鈴木朗、一七六四～一八三七）
『日本動物誌（鳥類）』（フォン・シーボルト、一八四四～一八五〇）

明治時代以降（一八六六～
『日本古語大辞典』（松岡静雄、一九三七）刀江書院
『日本語源』（賀茂百樹著、一九四三）興風館
『原色日本鳥類図鑑』（小林佳助、一九五六）保育社
『地学辞典』（三野与吉監修、工藤暢須編、一九五六）東京堂出版
『人類以前の熊本』（伊豆富人編集、一九六四）熊本日日新聞社
『野鳥の事典』（清棲幸保、一九六六）東京堂出版
『標準原色図鑑全集5鳥』（小林桂助、一九六七）保育社
『金峰山自然休養林、森林施業調査報告書』（熊本営林局、一九六八）
『鳥獣行政のあゆみ』（林野庁、一九六九）林野弘済会
『熊本県地質巡検ガイドブック』（熊本県高等学校地学教育研究会、一九七〇）

『新編大言海』（大槻文彦、一九八二）冨山房
『熊本県大百科事典』（熊本県大百科事典編集委員会、一九八二）熊本日日新聞情報文化センター
『広辞苑（第三版）』（新村出、一九八三）岩波書店
『熊本の野鳥記』（大田眞也、一九八三）熊本日日新聞社
『鳥の学名』（内田清一郎、一九八三）ニュー・サイエンス社（グリーンブックス96）
『決定版生物図鑑（鳥類）』（黒田長久編・監修、一九八四）世界文化社
『漢字の話（上）』（藤堂明保、一九八六）朝日新聞社
『金峰山の自然』（吉倉眞監修、一九八七）熊本生物研究所
『熊本を歩く』（磯あけみ他、一九八七）海鳥社
『熊本の野鳥百科』（大田眞也、一九八八）マインド
『五木村学術調査（自然編）』（五木村総合学術調査団、一九八七）五木村役場
『コンサイス鳥名事典』（吉井正監修・三省堂編集所編、一九八八）三省堂
『フィールドガイド日本の野鳥（拡大版）』（高野伸二、一九八九）日本野鳥の会
『鳥の手帖』（浦本昌紀監修・尚学図書・言語研究所編集、一九九〇）小学館
『新・熊飽学』（熊本日日新聞社編集局、一九九〇）熊本日日新聞社（地域学シリーズ）
『河内町史（通史編上）』（河内町史編纂委員会、一九九一）河内町
『日本産カササギの由来－史料調査による』（江口和洋・久保浩洋、一九九二）山階鳥類研究所
『図説日本鳥名由来辞典』（菅原浩・柿澤亮三編著、一九九三）柏書房
『熊本の野鳥探訪』（大田眞也、一九九四）海鳥社
『相良村誌（自然編）』（相良村誌編纂委員会、一九九四）相良村
『川辺川流域の鳥』（大田眞也、一九九五）建設省川辺川工事事務所
『衣食住語源辞典』（吉田金彦編、一九九六）東京堂出版
『動物誌（上・下）』（アリストテレス著・島崎三郎訳、一九九八～一九九九）岩波文庫
『語源辞典（動物編）』（吉田金彦編著、二〇〇一）東京堂出版
『鳥学大全』（秋篠宮文仁＋西野嘉章編、二〇〇八）東京大学出版会
『鳥の名前』（安倍直哉解説・叶内拓哉写真、二〇〇八）山と渓谷社
『日本鳥類目録（改訂第七版）』（日本鳥学会、二〇一二）

鳥類の現代標準和名索引

（　）内は亜種名　ゴチック体ページ数は写真や図を掲載

カ

キ

ク

コ

サ

シ

ス

セ

ソ

〈著者略歴〉

大田眞也（おおた・しんや）

一九四一年、熊本市生まれ。

長年にわたり、さまざまな野鳥の生態観察とその記録撮影、および野鳥の文化誌研究を続けている。日本鳥類保護連盟専門委員、日本自然保護協会の自然観察指導員、日本鳥学会会員、日本野鳥の会会員。

著書に『熊本の野鳥記』（熊本日日新聞社）、『熊本の野鳥百科』（マインド社）、『熊本の野鳥探訪』（海鳥社）、『ツバメのくらし百科』、『カラスはホントに悪者か』『阿蘇 森羅万象』『スズメはなぜ人里が好きなのか』『田んぼは野鳥の楽園だ』（以上、弦書房）ほか。

里山《さとやま》の野鳥《やちょう》百科《ひゃっか》

二〇一四年六月一日発行

著　者　大田眞也《おおたしんや》
発行者　小野静男
発行所　株式会社 弦書房
（〒810・0041）
福岡市中央区大名二―二―四三
ELK大名ビル三〇一
電　話　〇九二・七二六・九八八五
FAX　〇九二・七二六・九八八六

印刷　アロー印刷株式会社
製本　篠原製本株式会社

ISBN978-4-86329-102-7　C0045

【第23回地方出版文化功労賞】

鯨取り絵物語

中園成生・安永浩　日本の捕鯨の歴史・文化を近世に描かれた貴重な鯨絵をもとに読み解く。鯨とともに生き、それを誇りとした日本人の姿がここにある。秀麗な絵巻「鯨魚鑬笑録」をカラーで完全収録（翻刻付す）。他鯨図版多数。〈A5判・336頁〉**【2刷】** **3000円**

阿蘇　森羅万象

大田眞也　全域でジオパーク構想も進む阿蘇をもっと深く知るための阿蘇自然誌の決定版！　世界最大のカルデラが育んだ火山、植物、動物、歴史をわかりやすく紹介。写真・図版200点余収録、自然の不思議と魅力がつまった一冊。〈A5判・246頁〉**2000円**

九重山　法華院物語〈山と人〉

松本徰夫・梅木秀徳編　九州の屋根・九重の自然と歴史の魅力を広めることに尽力した加藤数功、立石敏雄、弘藏孟夫、工藤元平、梅本昌雄、福原喜代男ら6人の山男たちの物語。法華院に伝わる『九重山記』全文と現代語訳を初収録。〈A5判・272頁〉**2000円**

魚と人をめぐる文化史

平川敬治　アユ、フナの話からヤマタロウガニ、クジラまで。川から山へ海へ、世界各地の食文化、漁の文化へと話がおよぶ。魚の獲り方食べ方祀り方を比較。日本から西洋にかけての比較〈魚〉文化論。有明海と筑後川から世界をみる。〈A5判・224頁〉**2100円**

天草一〇〇景

小林健浩【決定版・天草写真図鑑】歴史、暮らし、自然など独自の文化を育んできた美しき島・天草。一六年におよぶ撮影の中から厳選した一四〇の景観を魅力の写真三七〇点でご案内。〈A5判・284頁〉**【2刷】** **2095円**

＊表示価格は税別